Inhaltsverzeichnis

An der Seitenfarbe kannst du erkennen, worum es gerade geht:	Zahlen und Operationen Größen Geometrie
Die Aufgaben sind so nummeriert:	①
Hier ist es etwas schwieriger:	[2]
So erkennst du eine knifflige Aufgabe:	△3
Auf den gelben Zetteln findest du die Lösungen:	◯ 1 2 3

1

3 ↓

3 →

3 ←

3 ↑

2

2	→
1	↓
3	→

4	↓
2	→
1	↓

5	←
2	↑
1	→

4	↑
2	→
1	↓

3

3 → 2 ↓ 3 ← 2 ↑

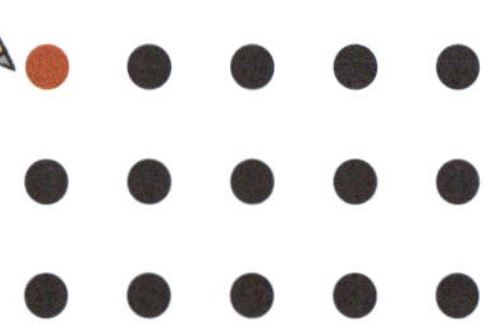

1 → 1 ↓ 1 ← 1 ↑

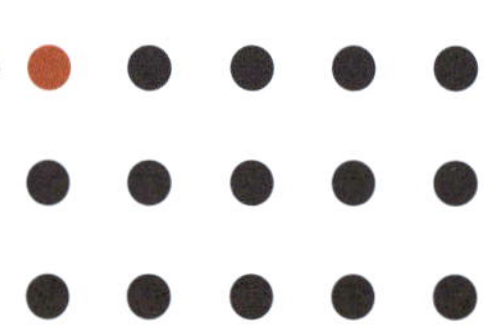

1 → 1 ↓ 1 → 1 ↓

1 und 2: Wege nach Vorgabe gehen, Zielfigur benennen und malen; Lage der Figuren in Beziehung zu den anderen Figuren beschreiben
3: Punkte nach Vorgabe mit geraden Linien verbinden

LB ▶ 6–7 TÜ ▶ 2–3

1

2

3

links ◀ ▶ rechts

1

1

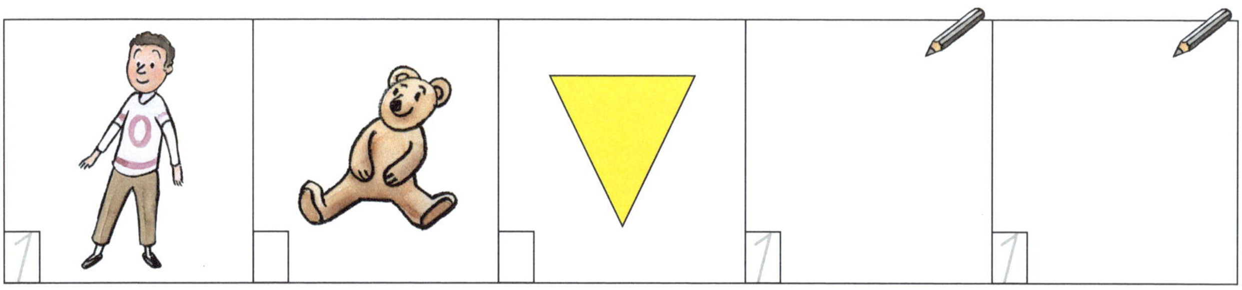

2

2

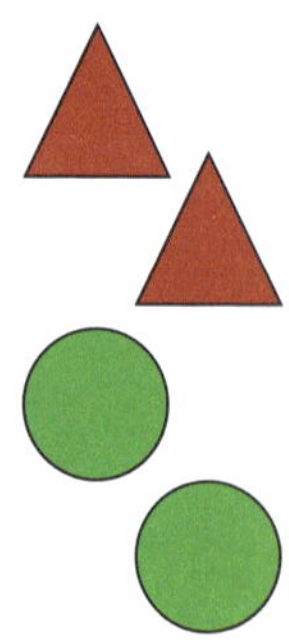

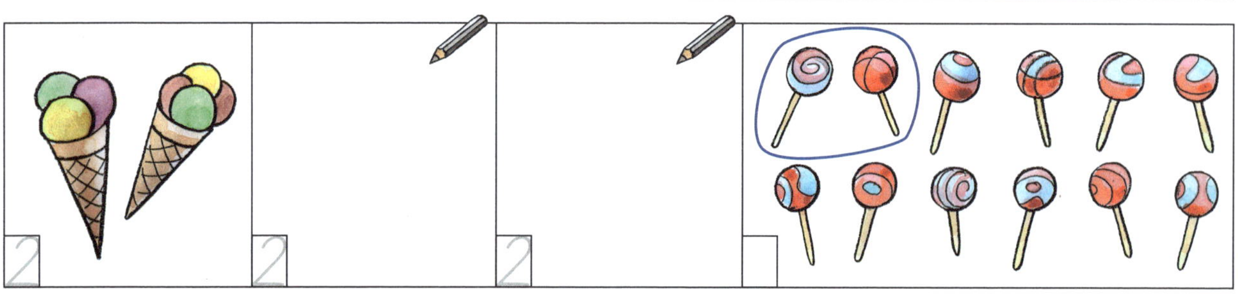

1 und 2: Ziffernschreibweise, Zehnerstreifen färben, Zahlen zuordnen, Malen nach Zahlvorgabe

LB ▶ 10–11 TÜ ▶ 5

1

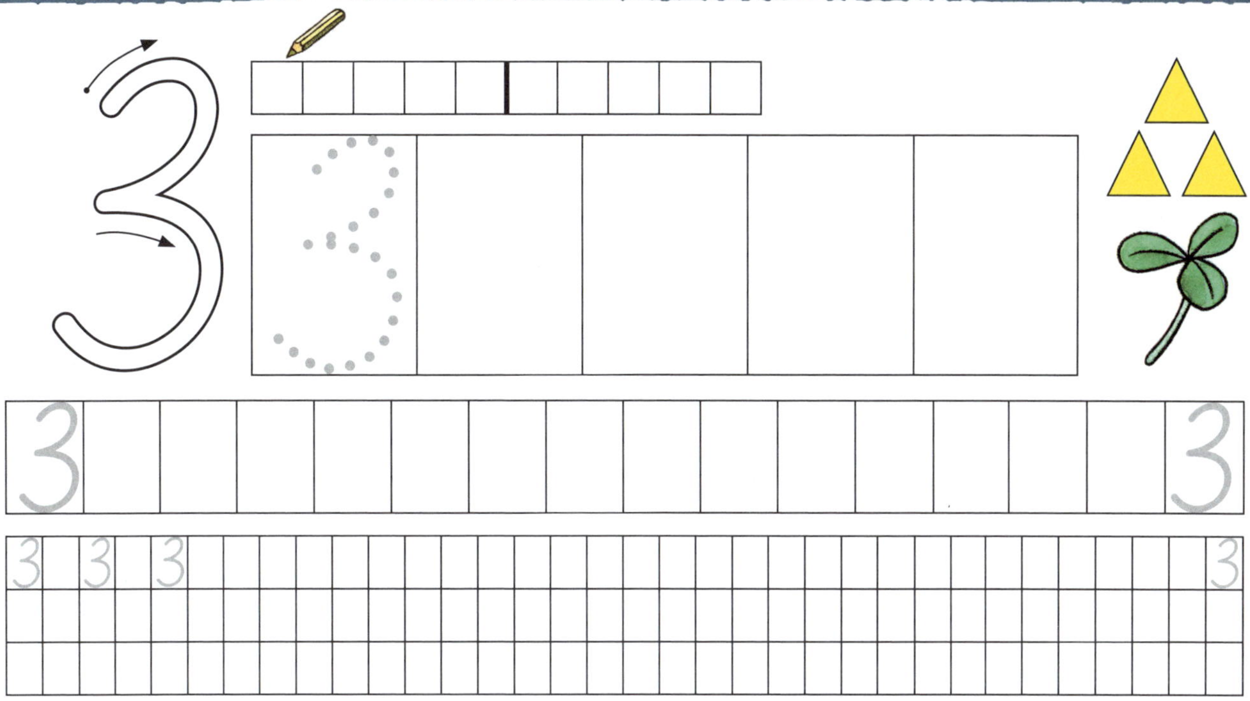

2

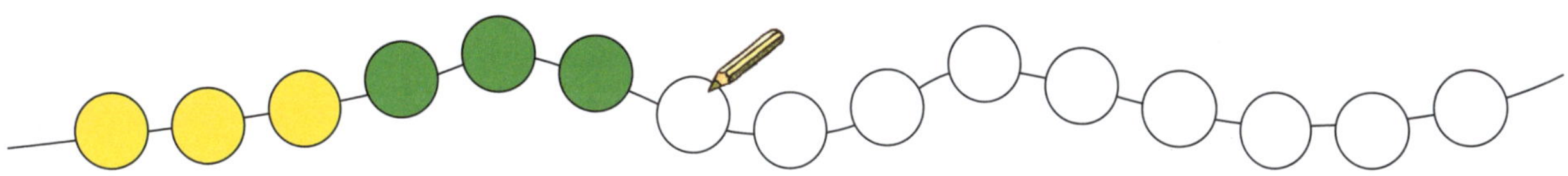

3

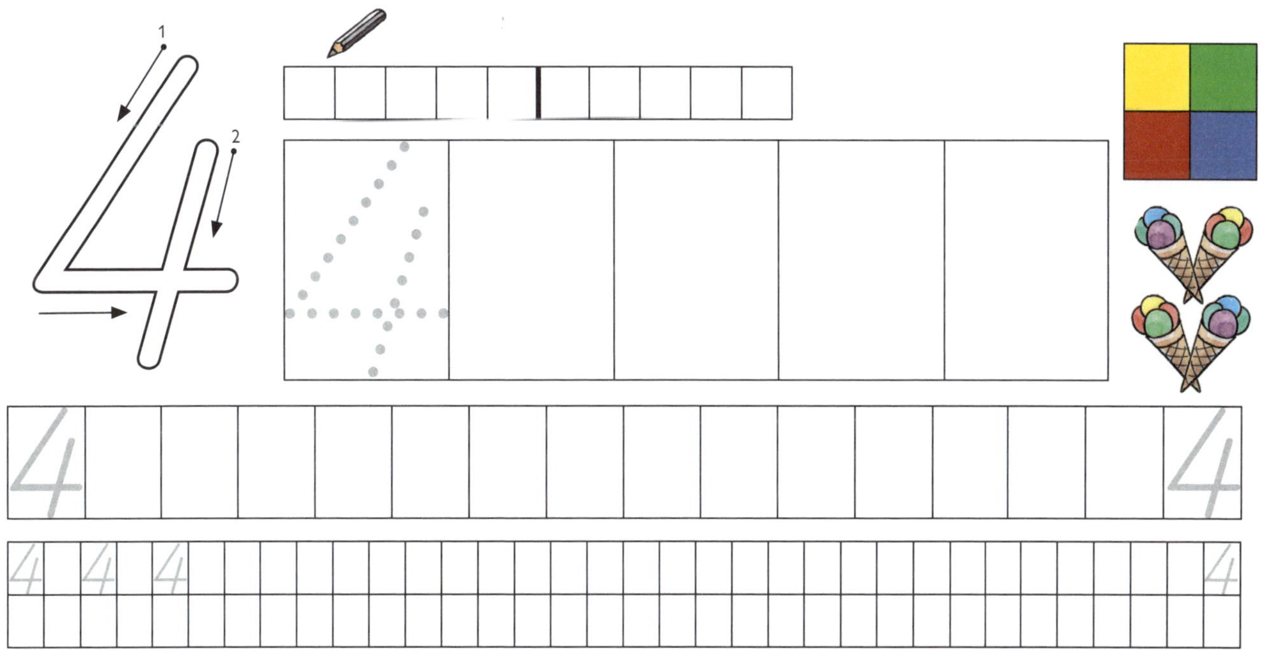

4

Die Zahlen 5 und 6

1

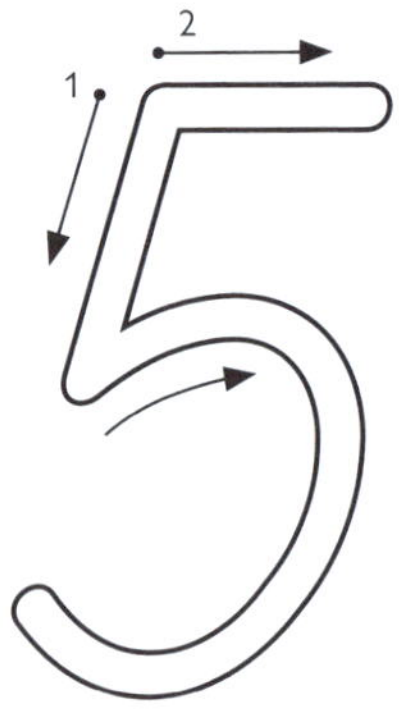

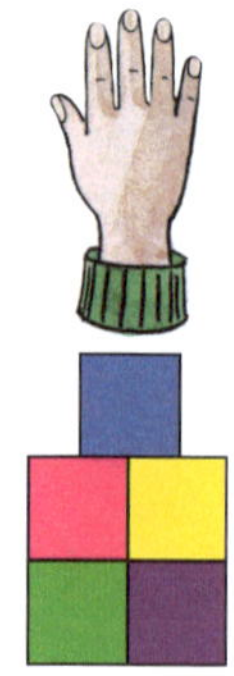

2

3

4

1 und 3: Ziffernschreibweise, Zehnerstreifen färben 2: Fünfermengen kennzeichnen 4: Sechsermengen zeichnen

LB 14–15 TÜ 6

(1)

4 2

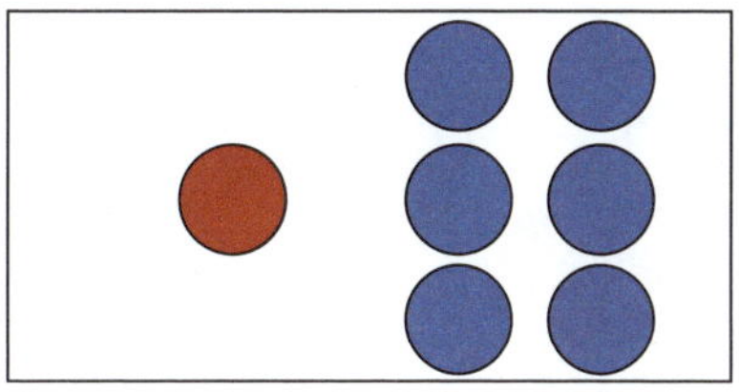

1 6

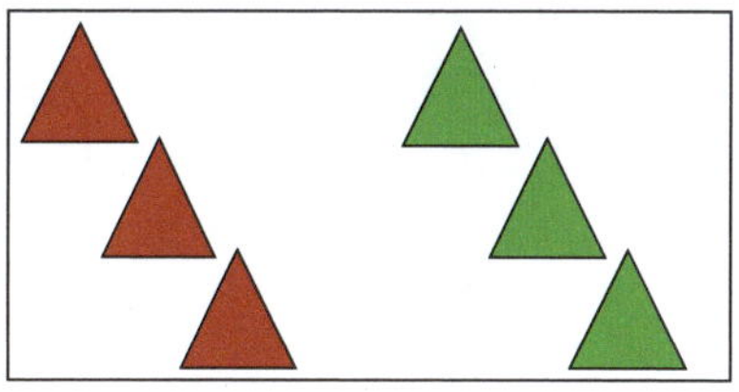

3 3

(2)

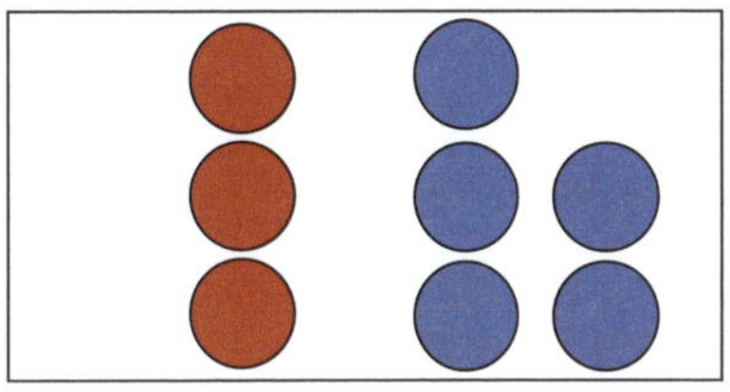

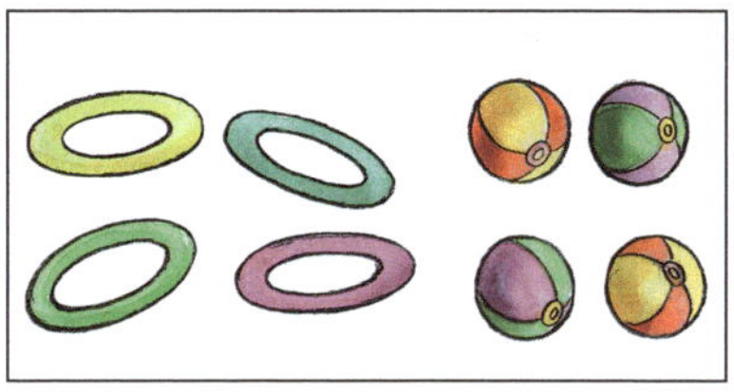

(3)

6 6

3 1

2 5

(4)

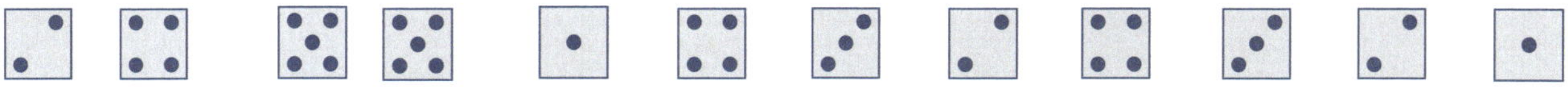

2 4 5 =

(5)

1 < 3 | 4 2 | 5 3 | 2 2 | 6 1
3 5 | 2 4 | 6 5 | 3 1 | 2 5
2 6 | 5 5 | 5 1 | 3 2 | 1 1

(6)

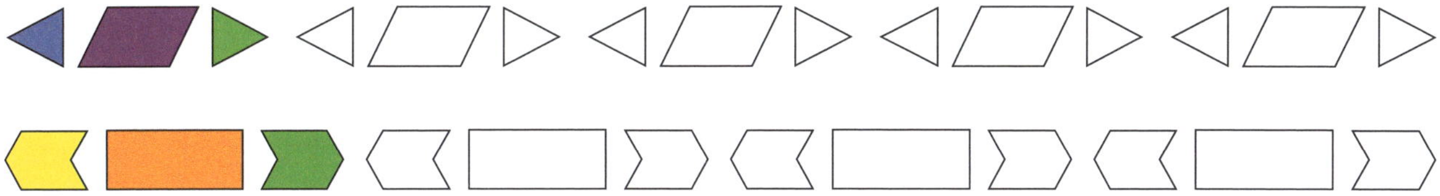

1: Relationszeichen setzen 2: Zahlen den Mengen zuordnen, Relationszeichen setzen 3: Mengen den Zahlen zuordnen und Relationszeichen setzen
4: Zahlen zuordnen und Relationszeichen setzen 5: Relationszeichen setzen 6: Muster erkennen und färben

Zerlegen von Mengen und Zahlen

1

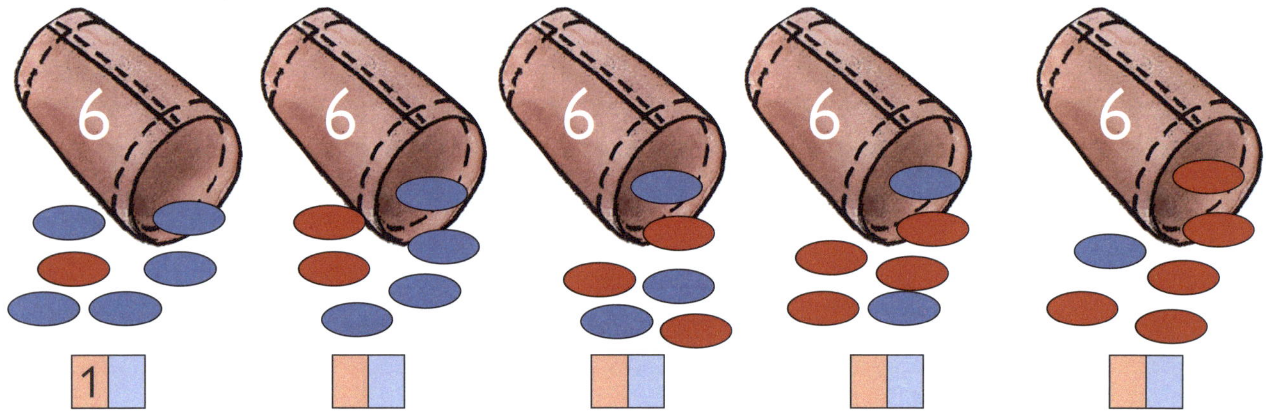

2

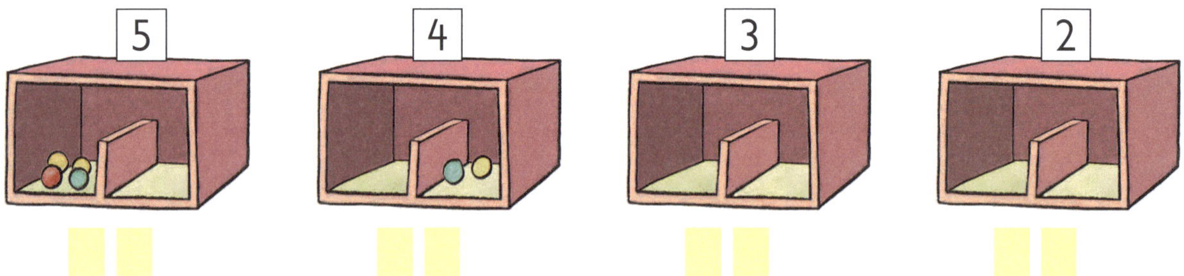

3

4

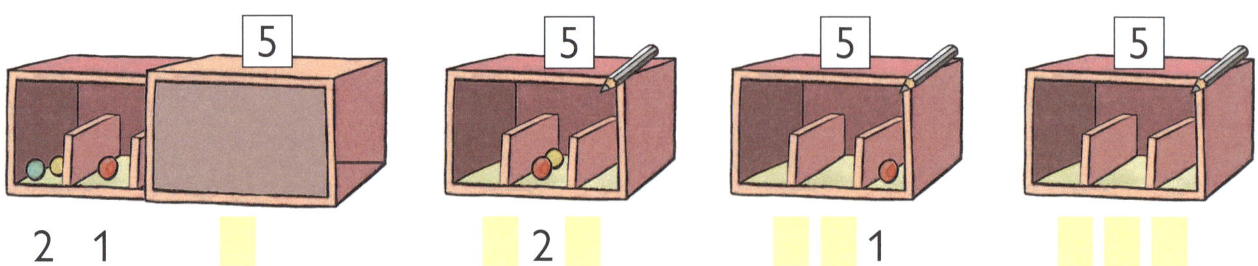

5

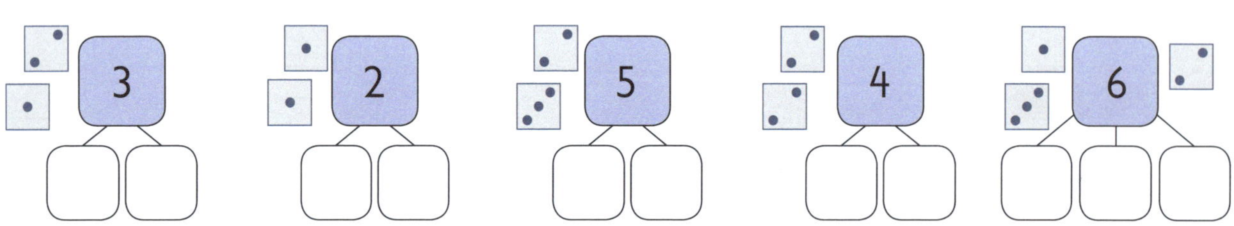

1: Anzahl erfassen, Zerlegung erkennen, Zahlen zuordnen 2: Mengenaufteilung (-zerlegung) malen, Zahlen zuordnen
3 und 4: Zerlegungsmöglichkeiten malen und mit Zahlen darstellen 5: Zerlegung eintragen

LB ▶ 18–19 TÜ ▶ 8

①  

 ☐ + ☐ = ☐

 ☐ + ☐ = ☐

 ☐ ◯ ☐ = ☐

 ☐ ◯ ☐ = ☐

 ☐ ◯ ☐ = ☐

② 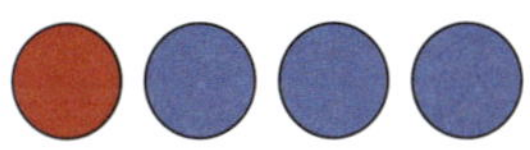 ☐ ◯ ☐ = ☐

 ☐ ◯ ☐ = ☐

 ☐ ◯ ☐ = ☐

③ 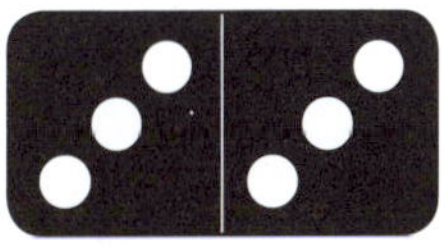 ☐ ◯ ☐ = ☐

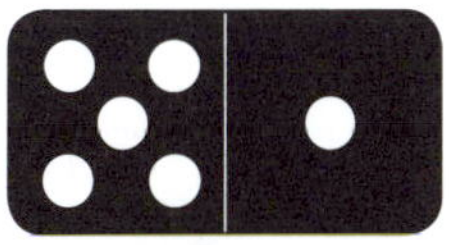 ☐ ◯ ☐ = ☐

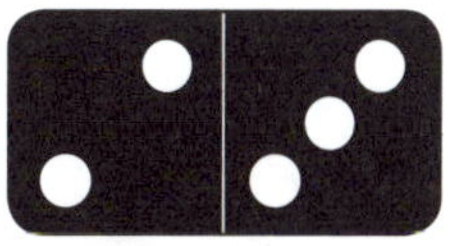 ☐ ◯ ☐ = ☐

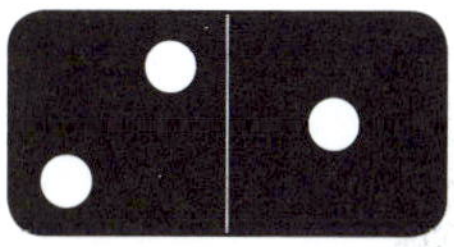 ☐ ◯ ☐ = ☐

④

2 + 3 = ☐	1 + 3 = ☐
4 + 1 = ☐	2 + 4 = ☐
3 + 3 = ☐	2 + 1 = ☐
1 + 4 = ☐	3 + 2 = ☐
2 + 2 = ☐	1 + 2 = ☐

3 + 1 = ☐	3 + ☐ = 5
4 + 2 = ☐	2 + ☐ = 4
1 + 2 = ☐	1 + ☐ = 6
1 + 5 = ☐	3 + ☐ = 6
5 + 1 = ☐	2 + ☐ = 5

⑤ 6

6

☐ + 4 = 6
☐ + 3 = 4
☐ + 2 = 5
☐ + 1 = 6
☐ + 3 = 5

Addieren bis 6 – Tauschaufgaben

1

4

1 + 3 = ___
3 + ___ = ___
2 + ___ = ___

5

2 + ___ = ___
1 + ___ = ___
3 + ___ = ___
4 + ___ = ___

2

6

___ + ___ = ___
___ + ___ = ___
___ + ___ = ___
___ + ___ = ___
___ + ___ = ___

3

+	1	3	2
2			
3			
1			

4

2 + ___ = ___
3 + ___ = ___

___ + ___ = ___
___ + ___ = ___

___ + ___ = ___
___ + ___ = ___

___ + ___ = ___
___ + ___ = ___

5

4 + ___ = ___
___ + 4 = ___

4 + ___ = ___
___ + 4 = ___

___ + ___ = ___
___ + ___ = ___

___ + ___ = ___
___ + ___ = ___

6

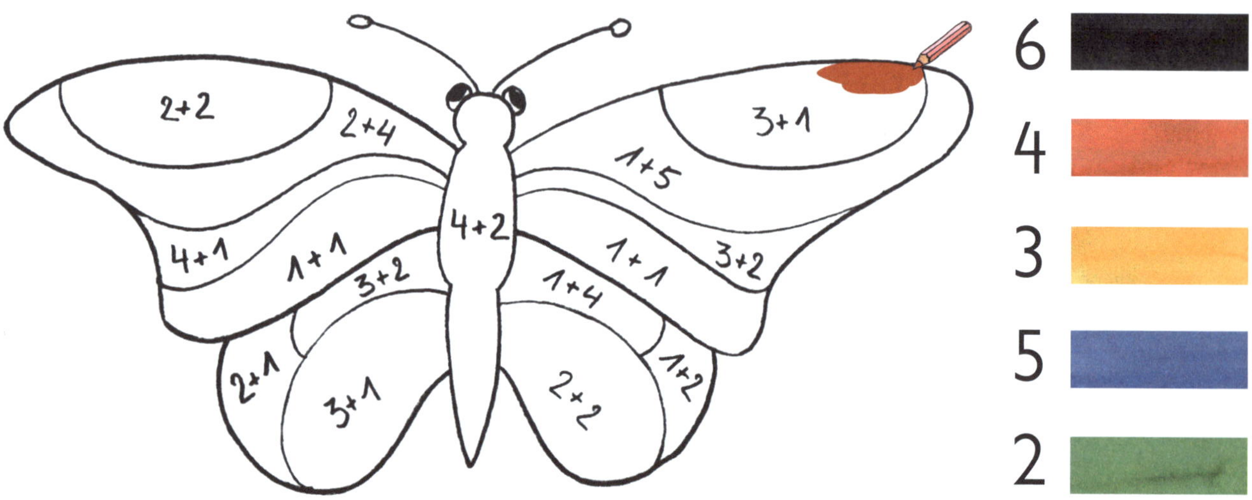

1 und 2: Platzhalter bestimmen 3: Summe berechnen 4 und 5: Aufgabe und Tauschaufgabe finden und lösen
6: Additionsaufgaben lösen, Ergebnis nach Vorgabe färben

LB 22–23 TÜ 11

①

6 − __ = __

__ − __ = __

②

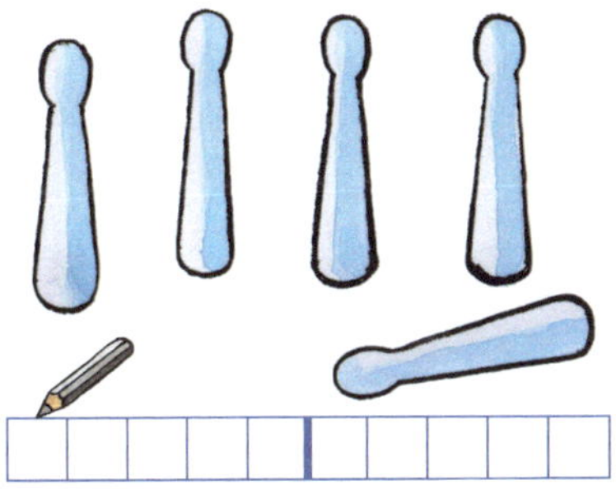

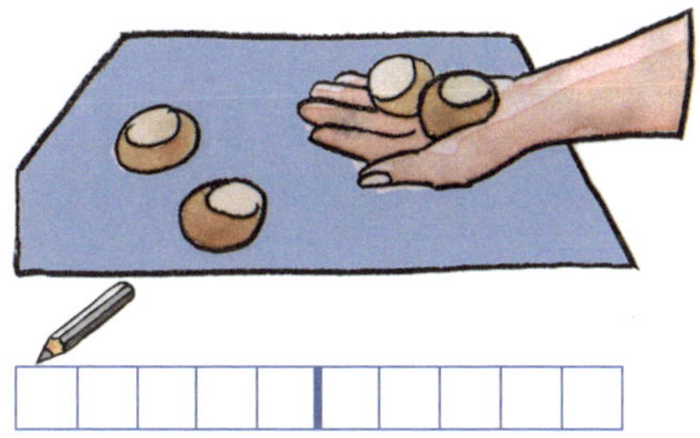

5 − 1 = __

__ − __ = __

__ ◯ __ = __

③

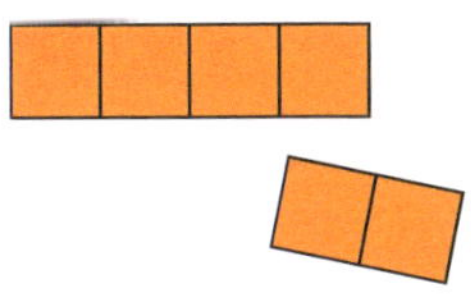

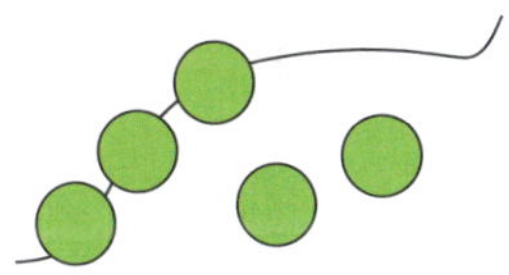

__ ◯ __ = __

__ ◯ __ = __

__ ◯ __ = __

__ ◯ __ = __

④

6 − 3 = __
4 − 1 = __
5 − 3 = __
3 − 1 = __
5 − 4 = __

5

4 − __ = 2
6 − __ = 5
3 − __ = 1
5 − __ = 2
2 − __ = 1

__ − 3 = 2
__ − 4 = 1
__ − 1 = 5
__ − 2 = 4
__ − 3 = 1

◯ 1 2 2 3 3

▢ 1 2 3 1 2
6 5 6 5 4

⑥ Wie heißt die Summe aus 4 und 2? __ ◯ __ = __

1 bis 3: Aufgaben zum Bild finden, malen, aufschreiben und lösen
4 und 5: Subtraktionsaufgaben lösen 6: Gleichung aufschreiben und lösen
LB ▶ 24–26 TÜ ▶ 12

① 

6 − 3 = ☐ 5 − 2 = ☐ 6 − 5 = ☐ 4 − 2 = ☐ 5 − 2 = ☐

② 

6 − 4 3 + 2 2 + 1 1 + 1

6 − 2 6 − 3

5 − 1 2 + 2 1 + 4

③
3 + 2 = ☐ 1 + 5 = ☐
6 − 4 = ☐ 5 − 3 = ☐
3 + 3 = ☐ 4 + 2 = ☐
1 + 5 = ☐ 6 − 5 = ☐

④
☐ − 3 = 3 6 − ☐ = 1
2 + ☐ = 6 ☐ + 4 = 5
6 − ☐ = 4 5 − ☐ = 2
☐ + 2 = 3 ☐ − 2 = 4

○	5	6	6	2
	1	6	2	6
□	6	2	4	6
	3	1	1	5

⑤

☐	
1	4

☐	
3	2

☐	
2	4

6	
2	☐

5	
☐	2

☐	
3	3

⑥

−	2	4	3
5			
6			

+			1
2	4		
3		6	

−	3		
6			5
4		2	

1: Punkte wegstreichen, Aufgabe zuordnen und lösen 2: Lösungen den Aufgaben zuordnen und entsprechend färben
3 und 4: Addieren und Subtrahieren 5: Rechenmauern lösen 6: Tabellen ergänzen
LB ▶ 27 TÜ ▶ 13 – 14

①

☐ + ☐ = ☐

☐ + ☐ = ☐

☐ − ☐ = ☐

☐ − ☐ = ☐

② Lege und rechne.

4 + 2 = ☐	1 + 2 = ☐
3 − 1 = ☐	4 − 3 = ☐
2 + 2 = ☐	2 − 1 = ☐
1 + 5 = ☐	3 + 2 = ☐
5 − 3 = ☐	1 + 4 = ☐

3

Rechenmauer 1:
6
4 | ☐
3 | ☐ | ☐

Rechenmauer 2:
6
☐ | ☐
☐ | ☐ | ☐

○ 5 5 4 6 3
2 1 1 6 2

④

6 − ☐ = ☐

2 + ☐ = ☐

⑤

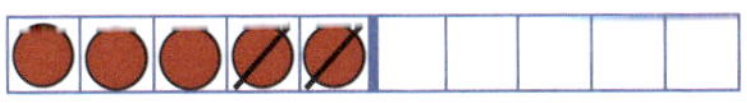

5 − 2 = ☐
3 + 2 = ☐

6 − 3 = ☐
3 + ☐ = ☐

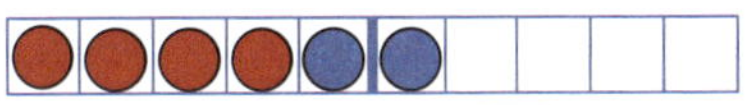

4 + 2 = ☐
☐ − ☐ = ☐

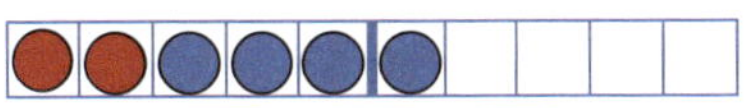

☐ + ☐ = ☐
☐ − ☐ = ☐

⑥

4 → +2 → ☐ ; ☐ → −2 → 4

4 + 2 = ☐
☐ − 2 = ☐

3 → +2 → ☐ ; ☐ → −2 → 3

3 + 2 = ☐
☐ − 2 = ☐

1 → + ☐ → 4 ; 4 → − ☐ → 1

1 + ☐ = 4
4 − ☐ = ☐

6 → −4 → ☐ ; ☐ → +4 → 6

6 − 4 = ☐
☐ + 4 = ☐

Die Zahl 0

①

5 − 1 = ☐ 4 − 2 = ☐ 2 − 2 = ☐

②

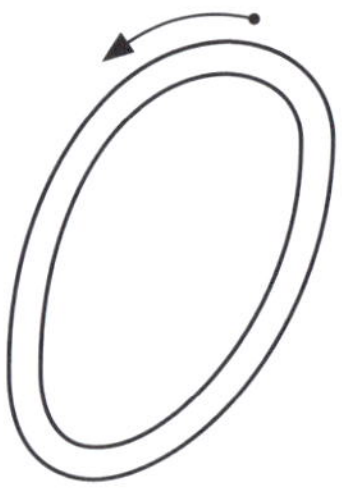

③

0	1	2	3					4	2	0	3

④

3 + 1 = ☐	4 − 1 = ☐	2 + 2 = ☐
4 + 2 = ☐	5 − 2 = ☐	5 − 3 = ☐
0 + 5 = ☐	3 − 0 = ☐	4 + 1 = ☐
3 + 3 = ☐	6 − 2 = ☐	6 − 6 = ☐
6 + 0 = ☐	4 − 4 = ☐	0 + 3 = ☐

⑤

☐
3 0

6
2 ☐

☐
5 0

⑥ 0 1 2 3 4 5 6 0

1: Differenzen bilden 2: Schreibweise der Ziffer 0 3: Zahlen und Mengen zuordnen 4: Additions- und Subtraktionsaufgaben lösen 5: Rechenmauern lösen

LB ▶ 30–31 TÜ ▶ 15–16

1

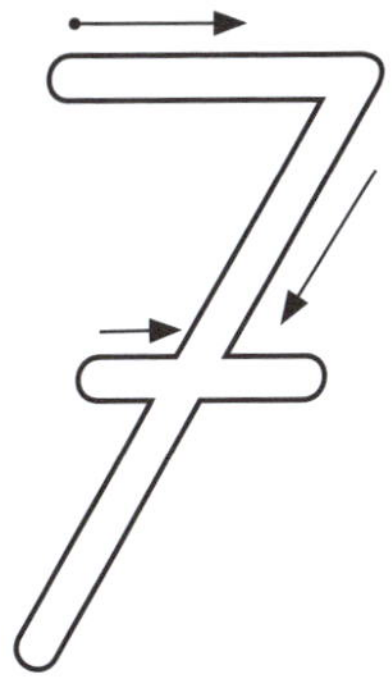

2

7

7

3

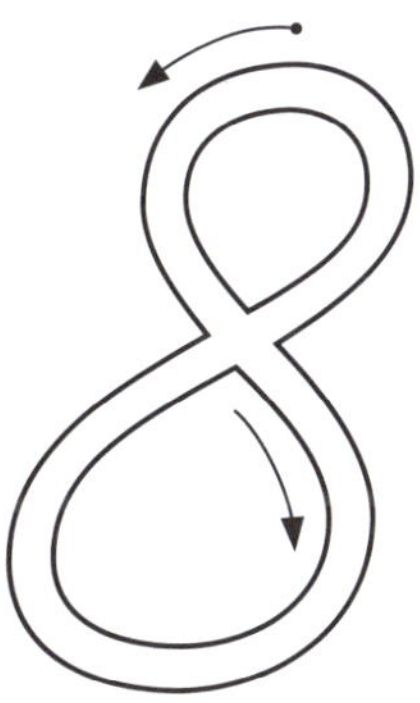

4

8

8

Die Zahlen 9 und 10

1

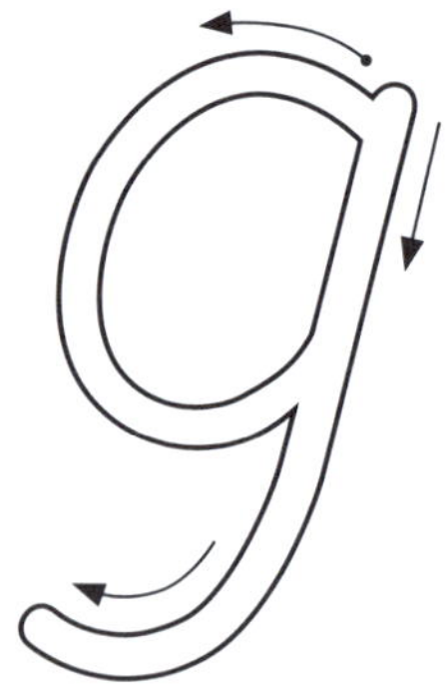

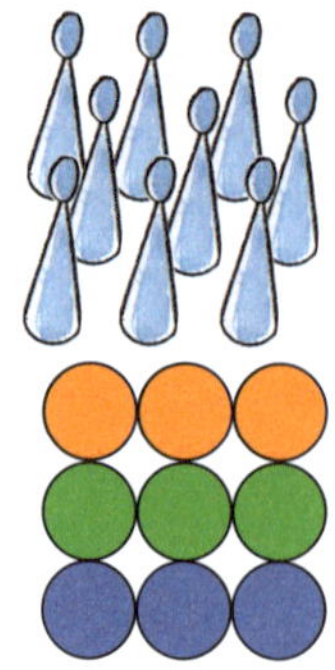

2

9

9

3

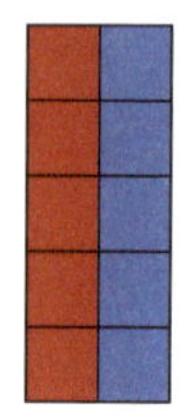

4

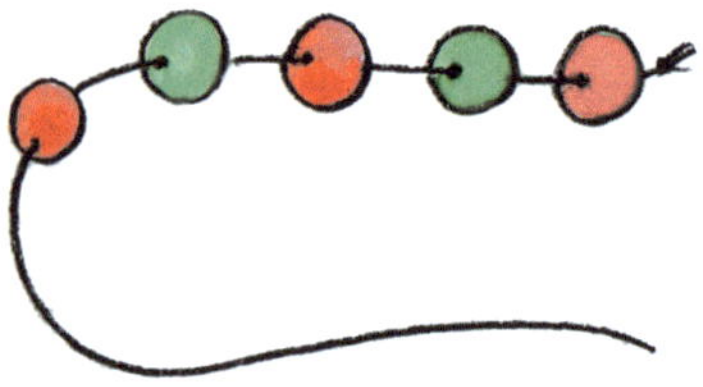

10

10

①

②

3

☐ = 6   ☐ > ☐   7 < ☐

④

2 ○ 8	2 ○ 8	10 ○ 6	4 ○ 5	3 ○ 1
5 ○ 3	5 ○ 9	2 ○ 4	3 ○ 3	6 ○ 9
7 ○ 7	3 ○ 7	8 ○ 3	0 ○ 2	2 ○ 7
5 ○ 0	10 ○ 1	7 ○ 5	8 ○ 6	5 ○ 5
9 ○ 4	4 ○ 4	9 ○ 0	9 ○ 5	0 ○ 4

5

8 > ☐
4 < ☐
7 < ☐
9 > ☐
0 = ☐

⑥

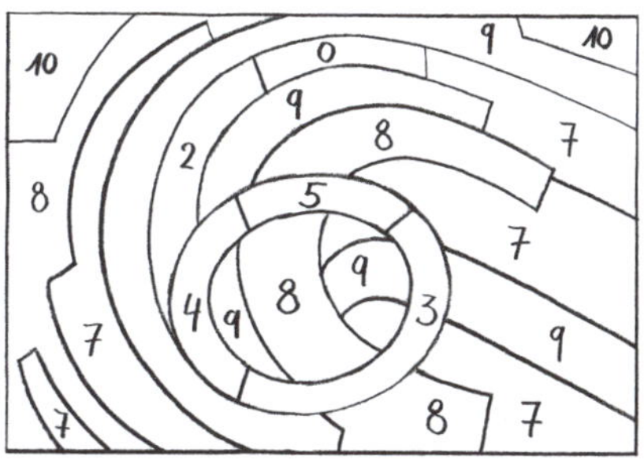

☐ < 6

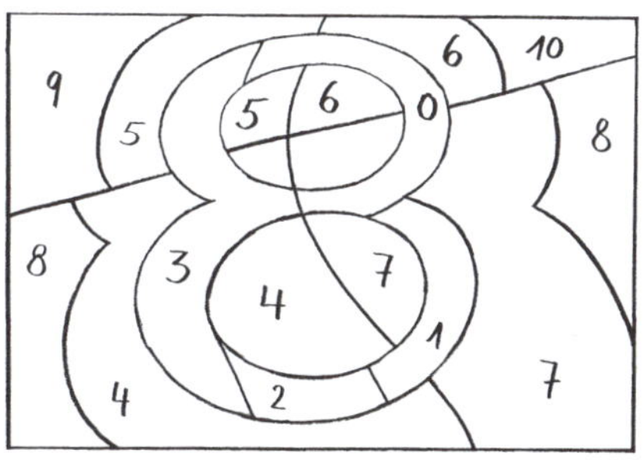

☐ < 3

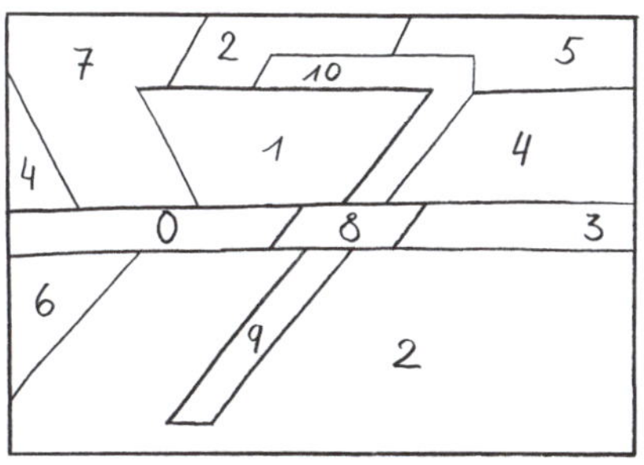

☐ > 7

Zerlegen der Zahlen von 1 bis 10

1

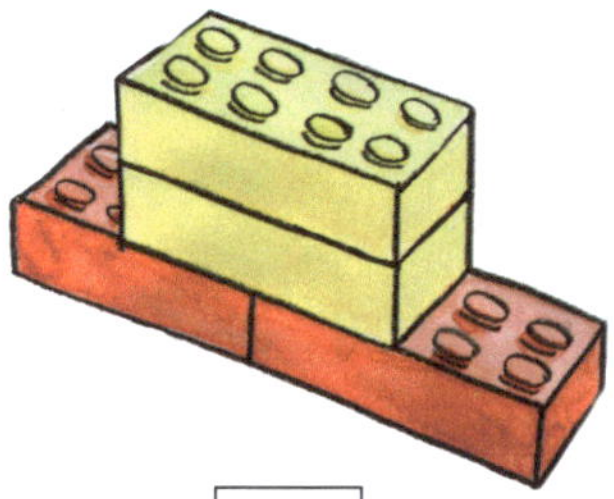

4

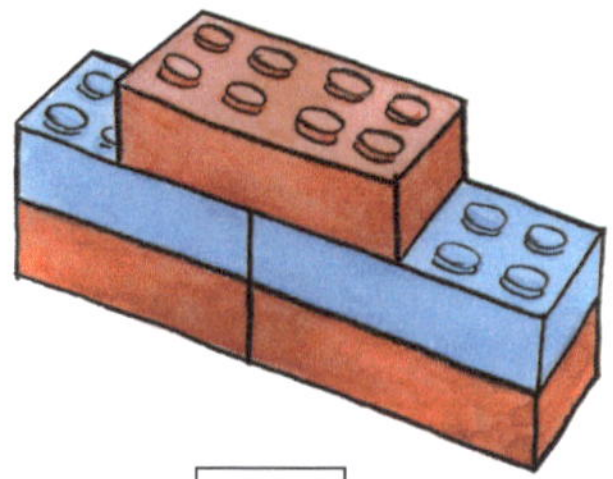

2

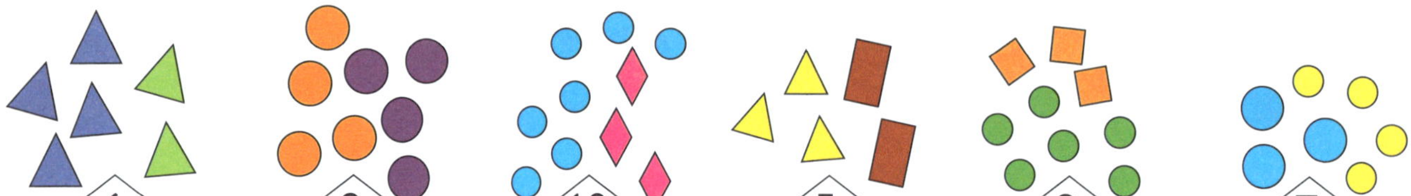

6 8 10 5 9 7

3

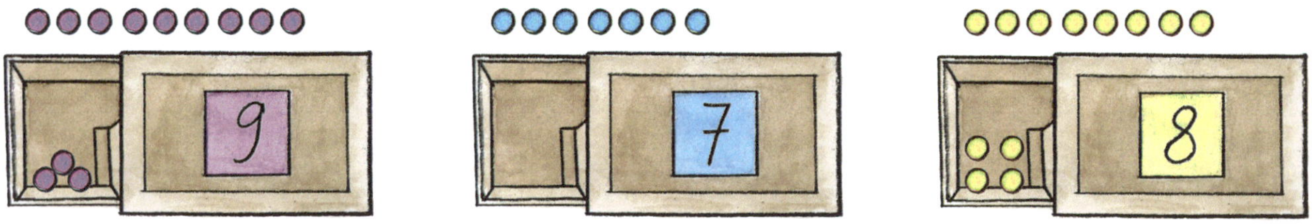

3

4

10 5 8 7 3

5

10 10 10 10

1: Anzahl ermitteln, Zahl zerlegen 2 und 3: Zerlegung angeben 4: Immer vier mögliche Zerlegungen zu jeder Zahl angeben
5: Verschiedene Möglichkeiten der Zerlegung angeben

LB 39 TÜ 19

① 0 — 1 — ☐ — 3 — 4 — ☐ — 6 — ☐ — ☐ — 9 — 10 →

② ☐ — 3 — ☐   7 — ☐ — ☐   ☐ — ☐ — ☐ — 10

2 — ☐ — 4   6 — ☐ — ☐ — ☐   ☐ — 5 — ☐ — 7

③

V	Z	N
	6	
	3	
	9	
	7	
	5	

V	Z	N
3		
	1	
		5
	9	
7		

V	Z	N
		8
	5	
7		
	2	
		7

④

⑤

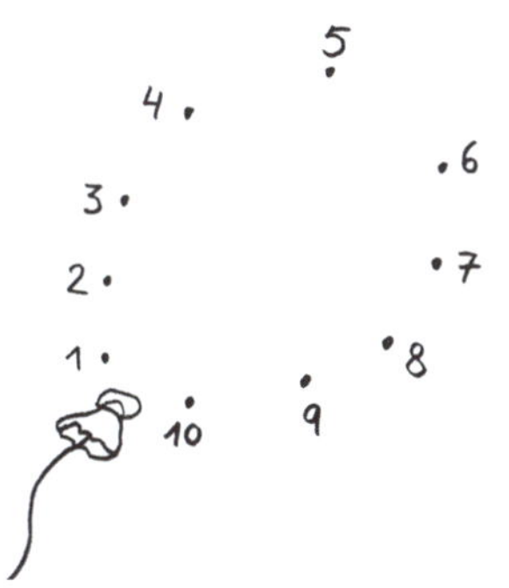

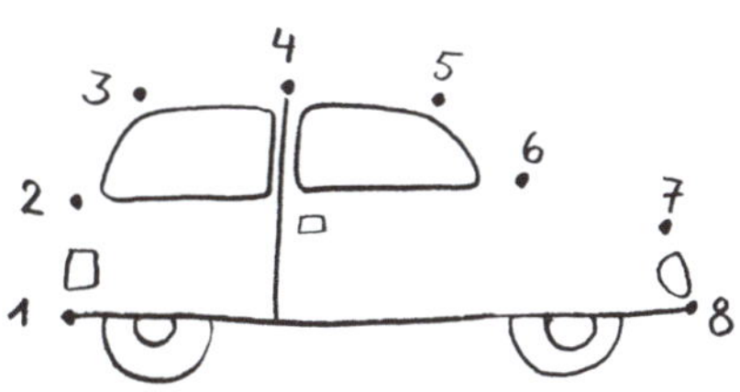

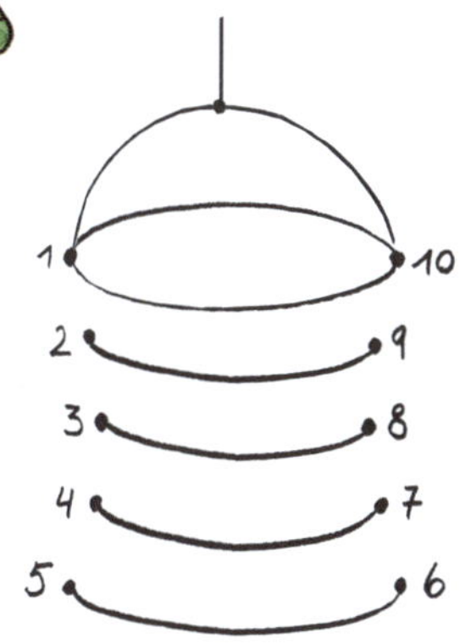

Der Zahlenstrahl

1

0 ___ ___ ___ ___ ___ 10

2

0 **4** **7** 10 — 4 < 7

0 — ___ < ___

0 1 10 — ___ < ___

3

0 **5**

___ ist Nachfolger von 5.
___ ist Vorgänger von ___.

4

0 **1** **5** Zwischen 1 und 5 liegen ___, ___ und ___.

5

0 **2** **4** **6** **8** 10

2 > ___, 2 > ___
4 > ___, 4 > ___

6 < ___, 6 < ___
8 < ___, 8 < ___

6

0 10

1 > ___
9 < ___

7

0 10

Rechts von der 6 liegen die Zahlen ___, ___, ___, ___.
Links von der 4 liegen ___, ___, ___, ___.
Zwischen der 8 und der 4 liegen die Zahlen ___, ___, ___.

1: Gesuchte Zahlen eintragen 2: Zahlen zuordnen 3: Vorgänger und Nachfolger bestimmen 4: Zahlen angeben
5 und 6: Zahlen finden und eintragen 7: Begriffe „Rechts“, „Links“ und „Zwischen“ verstehen, Zahlen angeben
LB 42–43

①

②

③

④

⑤

1., 3., 10. 2., 5., 7. 4., 9. 6., 8.

(1)

3 + ☐ = ☐

☐ + ☐ = ☐

☐ ◯ ☐ ◯ ☐

(2) Lege, male und rechne.

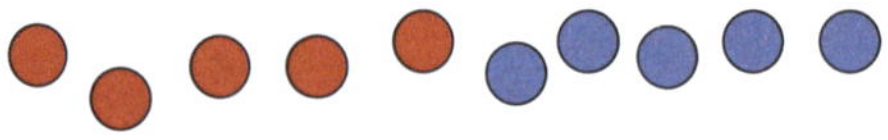

1 + 6 = ☐

2 + 5 = ☐

6 + 4 = ☐☐

(3) Rechne.

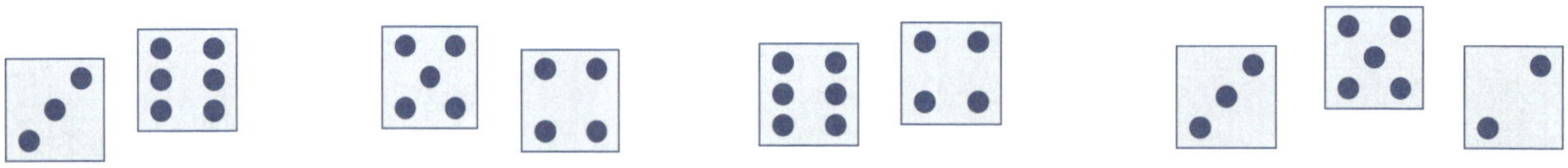

☐ ◯ ☐ = ☐

☐ ◯ ☐ = ☐

☐ ◯ ☐ = ☐☐

☐ ◯ ☐ ◯ ☐ = ☐☐

(4)

3 + 2 = ☐
1 + 3 = ☐
3 + 3 = ☐
5 + 3 = ☐
4 + 4 = ☐

3 + ☐ = 10
4 + ☐ = 9
2 + ☐ = 5
1 + ☐ = 8
2 + ☐ = 7

[5]

☐ + 2 = 10
☐ + 4 = 8
☐ + 1 = 9
☐ + 3 = 6
☐ + 5 = 10

○ 8 6 5 4 8
7 5 7 3 5
6 2 4 6 4

□ 8 3 5 4 8
10 9 6 8 6

△ 2 3 2 7 1

(6)

6 + ☐ = 10
2 + ☐ = 8
5 + ☐ = 7
1 + ☐ = 5
3 + ☐ = 9

[7]

3 + 2 + 5 = ☐☐
1 + 4 + 3 = ☐
2 + 2 + 2 = ☐
5 + 1 + 0 = ☐
6 + 2 + 1 = ☐

△8

2 + 1 + ☐ = 10
☐ + 2 + 5 = 9
☐ + 3 + 4 = 8
4 + ☐ + 2 = 8
3 + ☐ + 2 = 8

(9) Wie heißt die Summe aus 6 und 3?

☐ ◯ ☐ = ☐

(1)

3 + __ = __
4 + __ = __

3 + __ = __
5 + __ = __

3 + __ = __
2 + __ = __

(2) Aufgaben und Tauschaufgaben

3 + 4 = __
__ + __ = __

2 + 6 = __
__ + __ = __

5 + 2 = __
__ + __ = __

3 + __ = 8
__ + __ = __

1 + __ = 9
__ + __ = __

2 + __ = 6
__ + __ = __

[3]

__ + 2 = 6
__ + __ = __

__ + 4 = 9
__ + __ = __

__ + 9 = 10
__ + __ = __

__ + __ = 9
__ + __ = __

__ + __ = 9
__ + __ = __

__ + __ = 9
__ + __ = __

(4) Male Aufgabe und Tauschaufgabe in der gleichen Farbe an.

2 + 4 = __
1 + 8 = __
4 + 5 = __
7 + 2 = __
8 + 1 = __
2 + 7 = __
5 + 4 = __
3 + 6 = __
4 + 2 = __
6 + 3 = __

(5)
3 + __ = 7
2 + __ = 6
5 + __ = 10
1 + __ = 6
2 + __ = 8

[6]
__ + 3 = 8
__ + 1 = 9
__ + 4 = 7
__ + 5 = 10
__ + 3 = 6

[7]
4 + __ = 7
__ + 5 = 7
__ + 6 = 7
3 + __ = 9
1 + __ = 8

○ 6 5 4 5 4

□ 3 5 8 5 3
1 7 3 6 2

(8)
__
__ __
3 2 3

[9]
__
5 __
2 __ 1

[10]
8
__ 3
3 __ 1

Subtrahieren bis 10

1

7 − ☐ = ☐ 9 − ☐ = ☐ ☐ ◯ ☐ = ☐

2 Lege, male und rechne.

8 − 6 = ☐ 10 − 4 = ☐ 7 − 5 = ☐

3 Rechne.

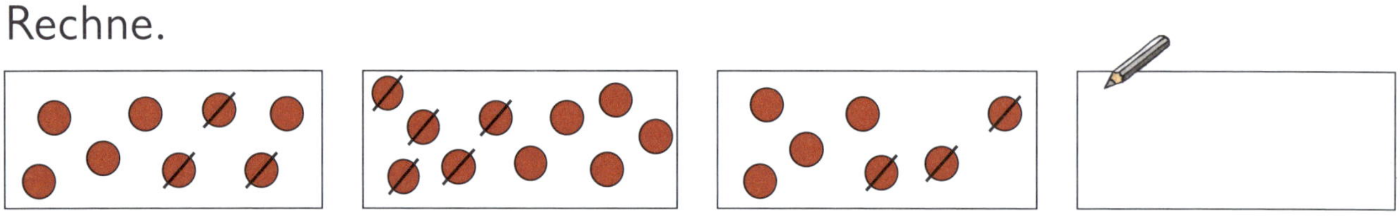

8 − 3 = ☐ 10 − ☐ = ☐ ☐ − ☐ = ☐ 9 − 3 = ☐

4

6 − 3 = ☐ 8 − ☐ = 5
8 − 4 = ☐ 9 − ☐ = 3
7 − 6 = ☐ 10 − ☐ = 2
5 − 4 = ☐ 5 − ☐ = 1
8 − 6 = ☐ 7 − ☐ = 2

5

☐ − 3 = 4 6 − ☐ = 5
☐ − 5 = 1 ☐ − 2 = 7
☐ − 2 = 6 8 − ☐ = 3
☐ − 7 = 2 6 − ☐ = 1
☐ − 6 = 3 ☐ − 3 = 5

◯ 1 2 3
4 1 3
6 8 4
5

☐ 7 6 9
9 8 1
5 5 9
9

6

5 − 0 = ☐ 7 − 2 = ☐
6 − 1 = ☐ 7 − 3 = ☐
7 − 2 = ☐ 7 − 4 = ☐
8 − 3 = ☐ ☐ − ☐ = ☐
☐ − ☐ = ☐ ☐ − ☐ = ☐

7

3 − 3 = ☐ 2 − 2 = ☐
4 − 3 = ☐ 4 − 3 = ☐
5 − 3 = ☐ 6 − 4 = ☐
☐ − ☐ = ☐ ☐ − ☐ = ☐
☐ − ☐ = ☐ ☐☐ − ☐ = ☐

8 Bilde die Differenz aus 10 und 6.

☐☐ ◯ ☐ = ☐

1 bis 3: Subtraktionsaufgaben finden und lösen 4 und 5: Subtraktionsaufgaben lösen 6 und 7: Aufgabenfolge fortsetzen und lösen
8: Aufgabe finden und lösen

LB ▶ 50–51 TÜ ▶ 23

Umkehraufgaben

①

9 − 4 = ___
5 + 4 = ___

② 4 + 5 = ___ ; 9 − 5 = ___
8 + 2 = ___ ; 10 − ___ = ___
3 + 4 = ___ ; ___ − ___ = ___
2 + 7 = ___ ; ___ − ___ = ___

③ 9 − 6 = ___ ; 3 + 6 = ___
10 − 4 = ___ ; 6 + ___ = ___
8 − 7 = ___ ; ___ + ___ = ___
5 − 4 = ___ ; ___ + ___ = ___

④ 3 + 2 = ___ ; ___ − ___ = ___
1 + 5 = ___ ; ___ − ___ = ___
2 + 5 = ___ ; ___ − ___ = ___

⑤ 6 − 4 = ___ ; ___ + ___ = ___
4 − 3 = ___ ; ___ + ___ = ___
7 − 6 = ___ ; ___ + ___ = ___

⑥ 4 + 2 = ___ ; ___ − ___ = ___
8 − 5 = ___ ; ___ + ___ = ___
7 + 3 = ___ ; ___ − ___ = ___

⑦

	___	
___		___
6	0	2

	10	
5		___
2	___	___

	10	
___		___
3	2	___

	10	
___		4
___	___	0

⑧ 2 + 3 + 4 = ___
6 − 2 − 3 = ___
5 + 3 + 2 = ___
4 − 2 − 1 = ___
3 + 2 + 2 = ___

9 4 + 3 + ___ = 8
2 + 2 + ___ = 6
8 − 3 − ___ = 3
1 + 5 + ___ = 10
7 − 2 − ___ = 2

1: Aufgabe und Umkehraufgabe den Bildern zuordnen und lösen 2 bis 6: Aufgabe und Umkehraufgabe lösen
7: Rechenmauern lösen 8 und 9: Rechnen mit drei Zahlen
LB 52–53 TÜ 23–24

①

6 + 3 = ☐ ☐ − 3 = 6
3 + 6 = ☐ ☐ − 6 = 3

② Bilde Aufgabenfamilien.

(4) (5) (9)

4 + 5 = ☐ ☐ − 5 = 4
5 + 4 = ☐ ☐ − 4 = 5

③ (1) (5) (6)

1 + 5 = ☐ ☐ − 5 = 1
5 + 1 = ☐ ☐ − 1 = 5

④ (2) (6) (8)

☐ + ☐ = ☐ ☐ − ☐ = ☐
☐ + ☐ = ☐ ☐ − ☐ = ☐

(4) (3) ( )

△5
☐ ◯ ☐ = ☐ ☐ ◯ ☐ = ☐
☐ ◯ ☐ = ☐ ☐ ◯ ☐ = ☐

( ) ( ) (9)

△6
☐ ◯ ☐ = ☐ ☐ ◯ ☐ = ☐
☐ ◯ ☐ = ☐ ☐ ◯ ☐ = ☐

⑦

☐ ◯ ☐ = ☐

☐ ◯ ☐ = ☐

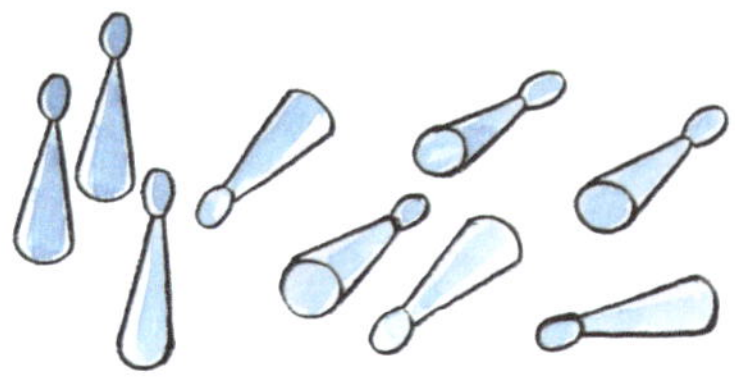

☐ ◯ ☐ = ☐

⑧

☐ ◯ ☐ = ☐

☐ ◯ ☐ = ☐

☐ ◯ ☐ = ☐

1 Setze die Zeichen <, =, > ein.

2 + 4 ◯ 8	8 − 5 ◯ 2	5 − 4 ◯ 2	4 + 4 ◯ 7
1 + 5 ◯ 4	10 − 6 ◯ 5	6 + 3 ◯ 9	10 − 5 ◯ 5
2 + 4 ◯ 6	9 − 2 ◯ 6	9 − 5 ◯ 4	6 + 4 ◯ 10

2 Berechne die Summen und Differenzen und vergleiche. Setze ein: < = >

3 + 4 ◯ 8 − 2	10 − 4 ◯ 2 + 4	9 + 0 ◯ 8 + 1
6 + 3 ◯ 10 − 2	5 − 4 ◯ 4 − 3	8 − 4 ◯ 2 + 3
7 + 2 ◯ 4 + 6	7 + 3 ◯ 6 + 2	10 − 5 ◯ 9 − 4

3 Führe die Reihen weiter.

3 + 0 < 8	7 − 4 > 2
3 + 1 < 8	7 − ☐ > 2
3 + ☐ < 8	7 − ☐ > 2
3 + ☐ < 8	7 − ☐ > 2
3 + ☐ < 8	7 − ☐ > 2

4 Welche Zahlen kannst du einsetzen? Schreibe sie auf.

7 − ☐ > 4
4 + ☐ < 9
6 + ☐ < 10

5 Vier Aufgaben haben das gleiche Ergebnis.

6 − 2 = ☐
2 + 2 = ☐
7 − 3 = ☐
0 + 4 = ☐
→ ☐

5 + 2 = ☐
7 − 0 = ☐
10 − 3 = ☐
3 + 4 = ☐
→ ☐

6 Finde 4 Aufgaben zum gleichen Ergebnis.

3 + 2 =
☐ + ☐ =
☐ − ☐ =
☐ − ☐ =
→ 5

2 + 4 + ☐ =
☐ + ☐ + ☐ =
☐ + ☐ + ☐ =
☐ + ☐ + ☐ =
→ ☐

7 Berechne die Summe aus 3 und 6.

☐ ◯ ☐ = ☐

8 Berechne die Differenz aus 9 und 6.

☐ ◯ ☐ = ☐

① Kreise immer 10 Cent ein.

②

___ ct ___ ct ___ ct ___ ct

③

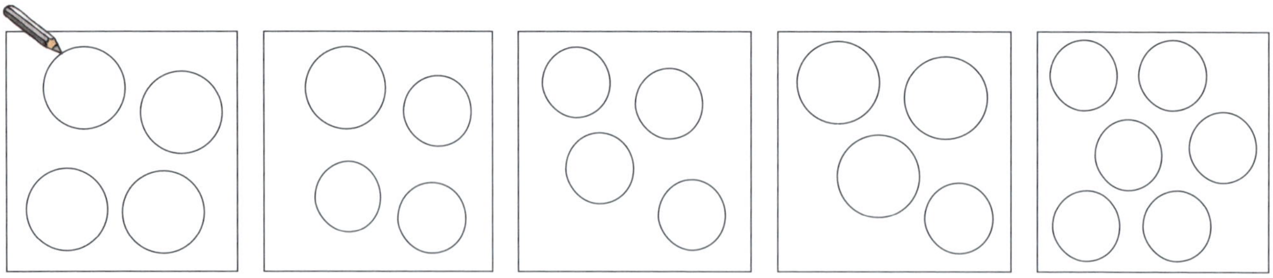

8 ct 5 ct 4 ct 7 ct 6 ct

④ Lege und rechne.

5 ct + 2 ct = ___ ct 8 ct − 7 ct = ___ ct 6 ct − ___ ct = 3 ct
7 ct + 3 ct = ___ ct 9 ct − 6 ct = ___ ct 10 ct − ___ ct = 5 ct
1 ct + 0 ct = ___ ct 5 ct − 2 ct = ___ ct 7 ct − ___ ct = 5 ct

△5 2 ct + 3 ct + 5 ct + 2 ct = ___ ct
3 ct + 2 ct + 5 ct + 1 ct = ___ ct
1 ct + 6 ct + 4 ct + 3 ct = ___ ct

(1)

__ €   __ €   __ €   __ €

[2] Bezahle auf verschiedene Weise.

5	–	–

[3]

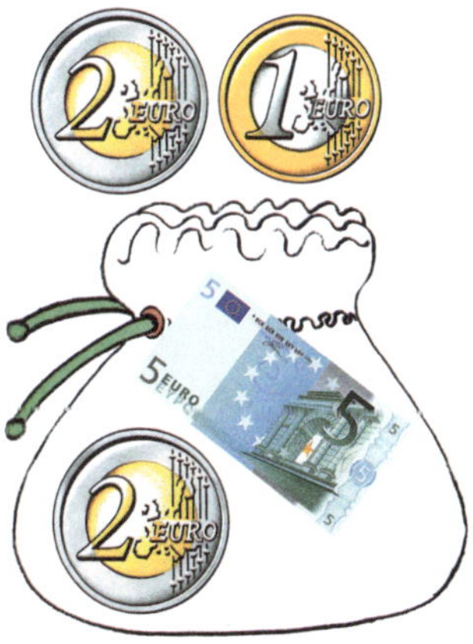

__ € + __ € = __ __ €

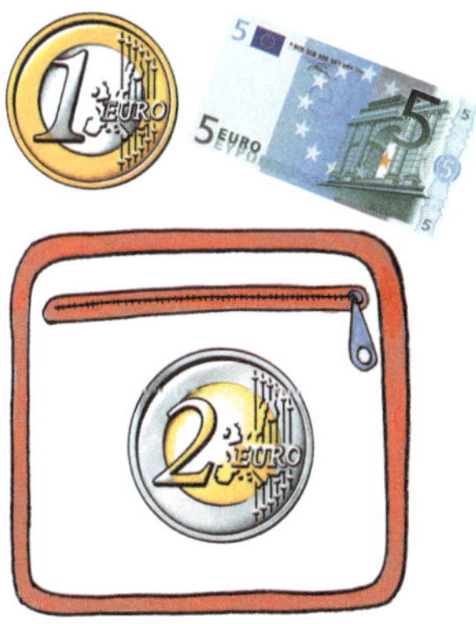

__ € + __ € = __ €

__ € + __ € = __ €

(4) Lege und rechne.

4 € + 4 € = __ €
6 € + 2 € = __ €
2 € + 4 € = __ €

10 € − 7 € = __ €
8 € − 5 € = __ €
6 € − 6 € = __ €

9 € − __ € = 5 €
8 € − __ € = 3 €
2 € − __ € = 2 €

[5]

__ € + 3 € = 5 €
__ € + 4 € = 8 €
__ € − 6 € = 2 €
__ € − 5 € = 3 €

○ 8 5 3 3 6
8 0 0 4
□ 2 8 8 4

① Male aus und zähle.

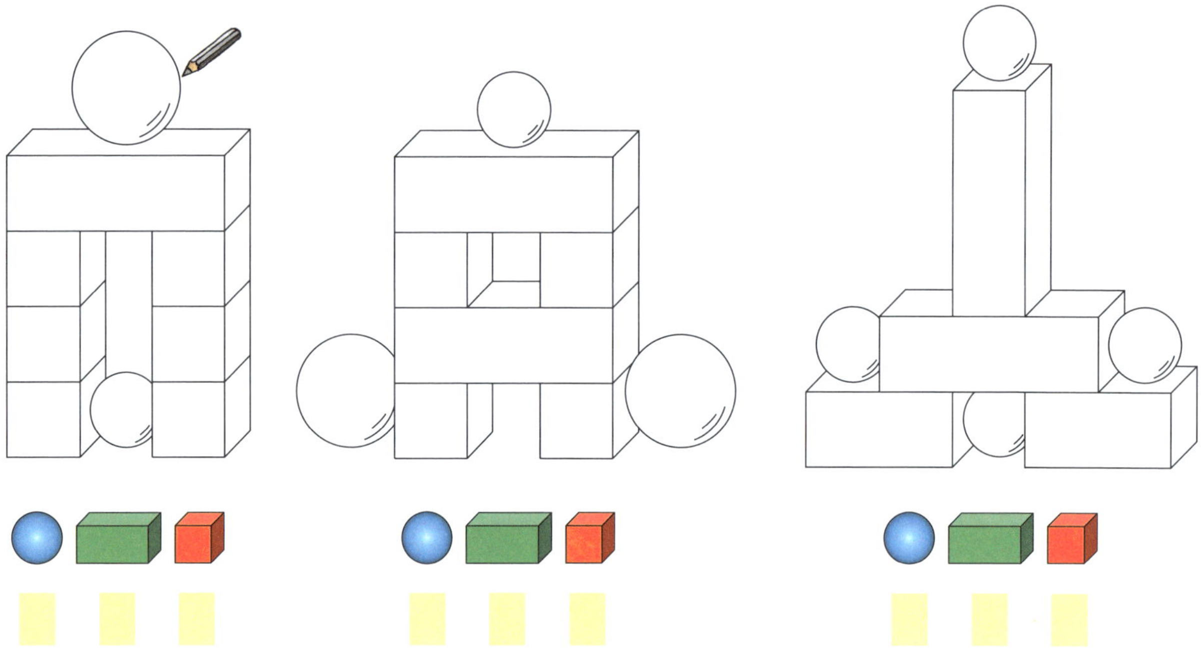

② 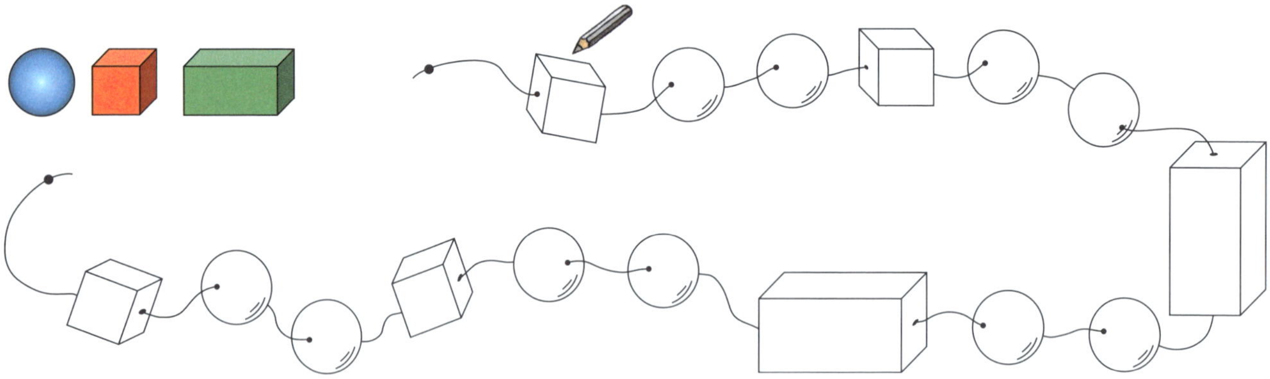

3 Zähle.

1 und 2: Würfel, Quader, Kugel in der entsprechenden Farbe ausmalen und zählen 3: Anzahl der Würfel bestimmen
LB ▶ 62 TÜ ▶ 31

① Baue und zähle.

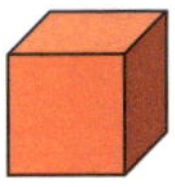
Würfel

Würfel

Würfel

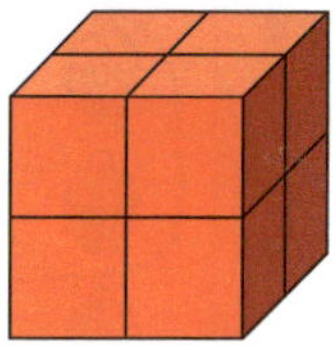
Würfel

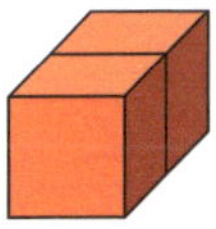
Würfel

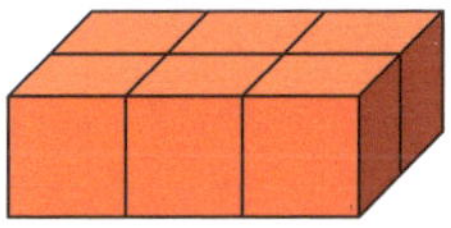
Würfel

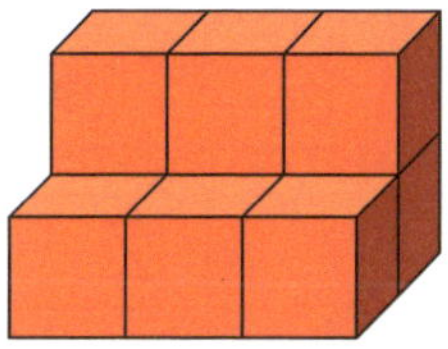
Würfel

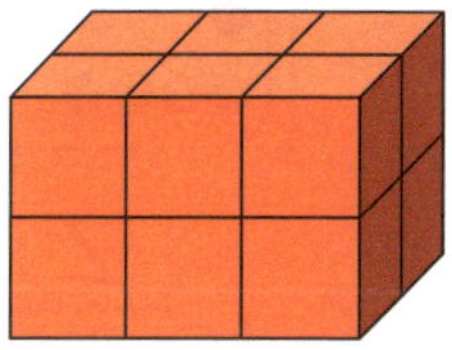
Würfel

② Schreibe den Bauplan.

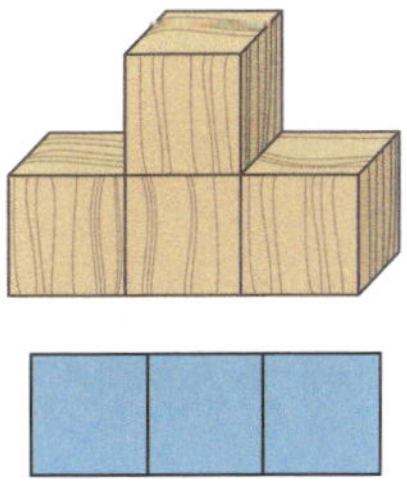

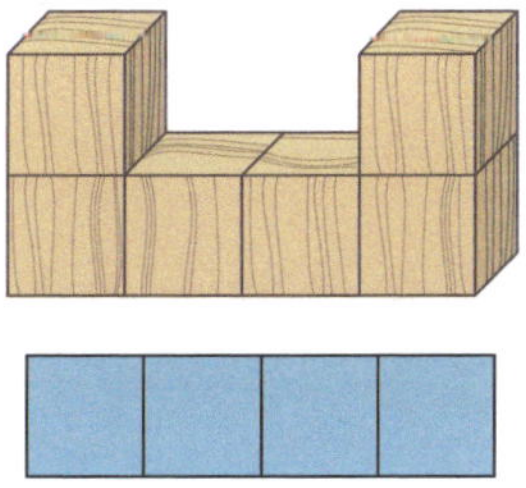

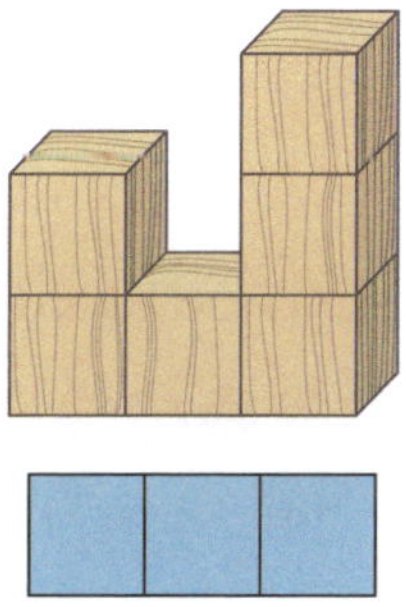

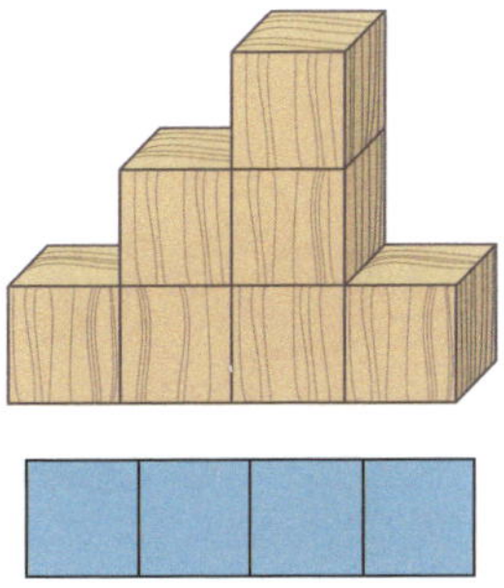

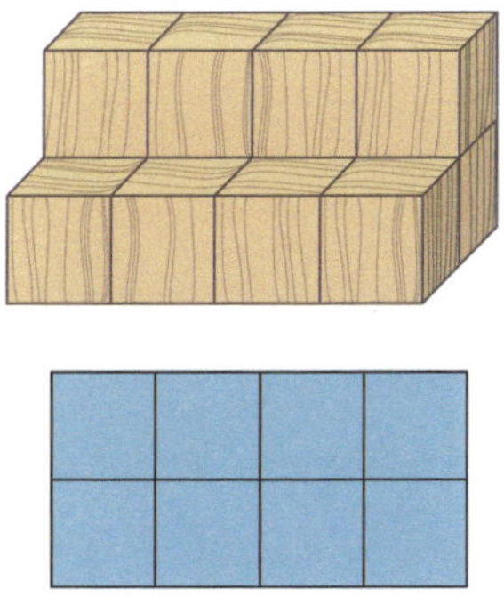

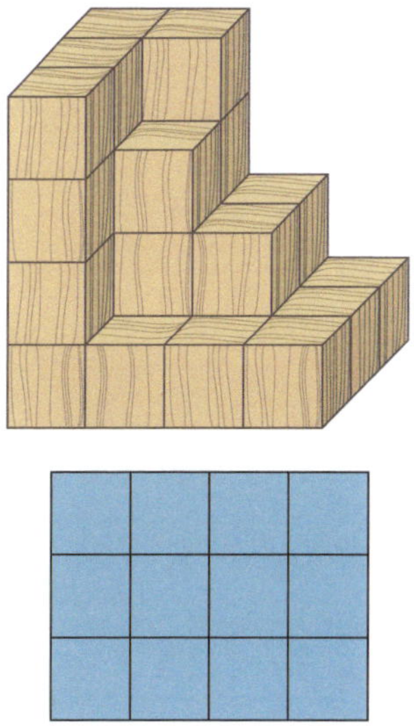

1

Z	E
1	

Z	E

Z	E

2

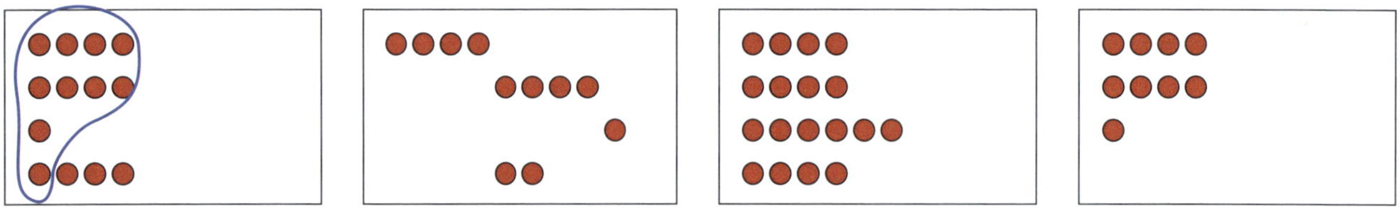

Z	E
1	

Z	E

Z	E

Z	E

3 Male aus.

Z	E
1	1

Z	E
1	5

Z	E
1	9

4 Schreibe die Zahl dazu.

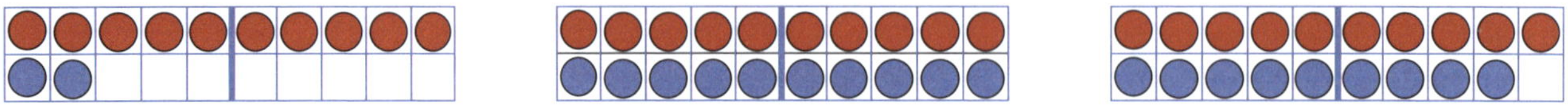

5 Zähle weiter.

3	4						10					15

14	13						7		

6 Wie geht es weiter?

6	8						20

17	15							1

1 bis 4: Zahlen den Mengen zuordnen; Mengen den Zahlen zuordnen 5 und 6: Zählen in angegebener Schrittfolge
LB 66–67 TÜ 32

1 Trage die fehlenden Zahlen ein.

	2	3				7			
11			14		16		18		20

2 Trage die fehlenden Zahlen ein.

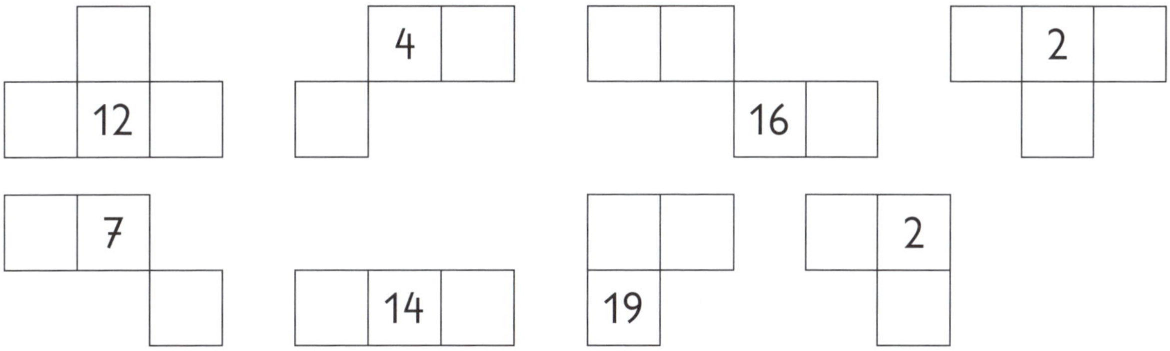

3 Finde passende Zahlen.

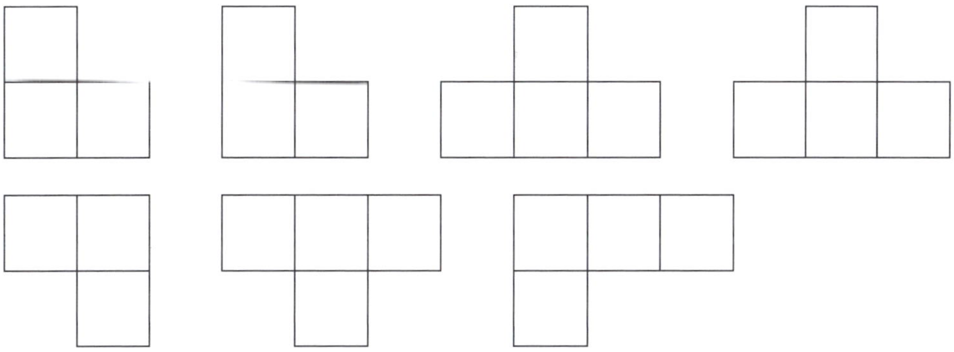

4 Zahlen gesucht

Vergleichen und Ordnen der Zahlen bis 20

(1) < = > ?

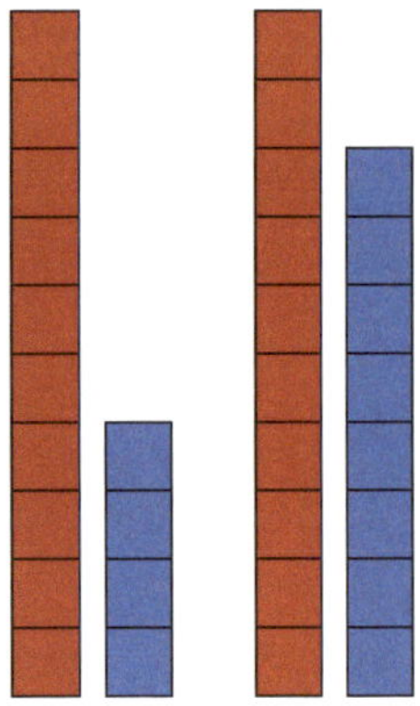

14 ◯ __

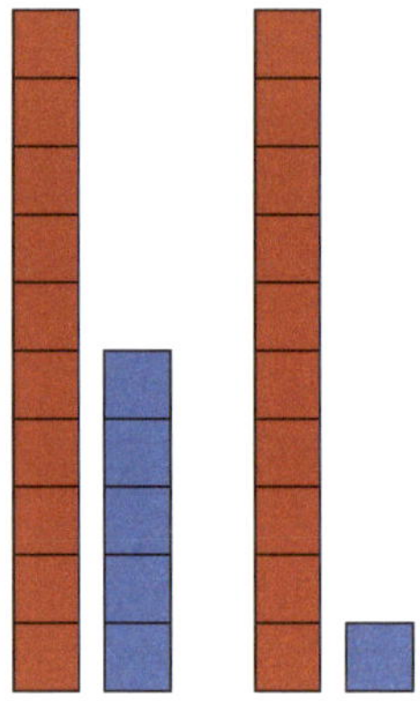

__ ◯ __

__ > 16

(2)
18 > 15
18 > __
18 > __
18 > __
18 > __

[3]
__ < 12
__ < 12
__ < 12
__ < 12
__ = 12

(4)
17 > __
17 > __
17 < __
17 = __
17 < __

(5)
20 ◯ 15
16 ◯ 20
13 ◯ 14
14 ◯ 12
10 ◯ 6

(6)
5 ◯ 15
11 ◯ 20
13 ◯ 0
12 ◯ 10
16 ◯ 8

(7)

V	Z	N
	12	
	8	
	18	
	6	
	10	
	15	

Ordne die Vorgänger.
Beginne mit dem kleinsten Vorgänger.

__ __ __ __ __ __

Ordne die Nachfolger.
Beginne mit dem größten Nachfolger.

__ __ __ __ __ __

Wie geht es weiter bis zur 20?

(8) 6 8 10 __ __ __ __ __

(9) 4 8 12 __ __

Wie geht es weiter bis zur 0?

[10] 18 15 12 __ __ __ __

[11] 16 14 12 __ __ __ __ __ __

1: Zahlen zuordnen und vergleichen 2 bis 4: Geeignete Zahlen finden 5 und 6: Relationszeichen setzen 7: Ordnen nach Vorschrift 8 bis 11: Reihen weiterführen

① Male und rechne. Löse zuerst die bekannte Aufgabe.

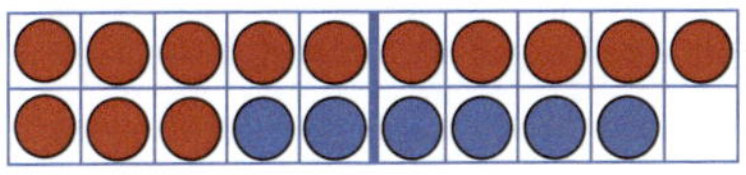

3 + 6 = ___
13 + 6 = ___

___ + ___ = ___
15 + 3 = ___

___ + ___ = ___
12 + 4 = ___

② Welche Aufgaben gehören zusammen? Rechne und Verbinde.

5 + 3 = ___
3 + 6 = ___
7 + 1 = ___

17 + 1 = ___
15 + 3 = ___
13 + 6 = ___

2 + 5 = ___
4 + 3 = ___
1 + 8 = ___

11 + 8 = ___
12 + 5 = ___
14 + 3 = ___

③ 5 + 2 = ___
15 + 2 = ___

3 + 5 = ___
13 + 5 = ___

4 + 5 = ___
14 + 5 = ___

○ 7 9 17
19 8 18

④ 10 + 8 = ___
10 + 3 = ___

14 = 10 + ___
17 = ___ + 7

⑤ 11 + 5 = ___
14 + 3 = ___

19 = 13 + ___
15 = ___ + 4

⑥

+	3	4	5	8
10				
11				

+	2	6	7	1
12				
11				

+	2	1	5	0
13				
14				

⑦ Rechne und setze die Zeichen <, =, > ein.

4 + 3 ○ 6
14 + 3 ○ 16

2 + 6 ○ 9
12 + 6 ○ 19

15 + 4 ○ 17
4 + 15 ○ 17

18 ○ 13 + 7
18 ○ 5 + 13

8 Wer erhält die größere Zahl als Ergebnis?

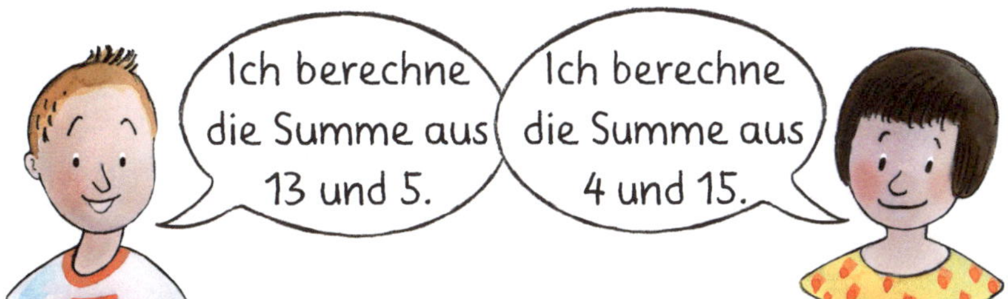

Rechne so und vergleiche.

___ ○ ___ = ___   ___ ○ ___   ___ ○ ___ = ___

① Male und rechne. Löse zuerst die bekannte Aufgabe.

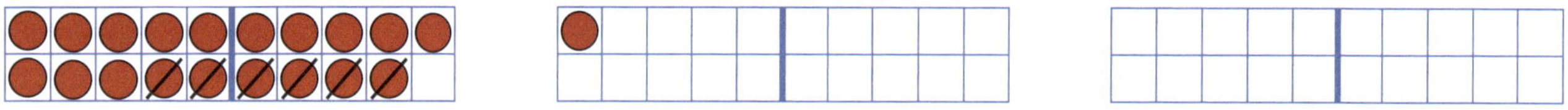

__ − __ = __ | __ − __ = __ | __ − __ = __
19 − 6 = __ | 15 − 3 = __ | 17 − 6 = __

② Welche Aufgaben gehören zusammen? Rechne und verbinde.

5 − 4 = __ | 15 − 4 = __ | 9 − 7 = __ | 16 − 4 = __
7 − 5 = __ | 18 − 6 = __ | 6 − 4 = __ | 19 − 7 = __
8 − 6 = __ | 17 − 5 = __ | 9 − 5 = __ | 19 − 5 = __

③ 5 − 2 = __ | 3 − 1 = __ | 7 − 5 = __
15 − 2 = __ | 13 − 1 = __ | 17 − 5 = __

○ 3 2 2
13 12 12

④ 10 − 8 = __ | 14 = 18 − __
10 − 5 = __ | 17 = __ − 2

⑤ 19 − 5 = __ | 18 = 20 − __
19 − 3 = __ | 15 = __ − 4

⑥

−	3	4	5	8
18				
19				

−	2	6	7	1
17				
18				

−	2	1	5	0
16				
15				

⑦ Rechne und setze die Zeichen <, =, > ein.

7 − 3 ○ 6 | 9 − 6 ○ 3 | 15 − 2 ○ 12 | 18 ○ 20 − 5
17 − 3 ○ 16 | 19 − 6 ○ 13 | 16 − 6 ○ 11 | 18 ○ 19 − 6

8 Wer erhält die größere Zahl als Ergebnis?

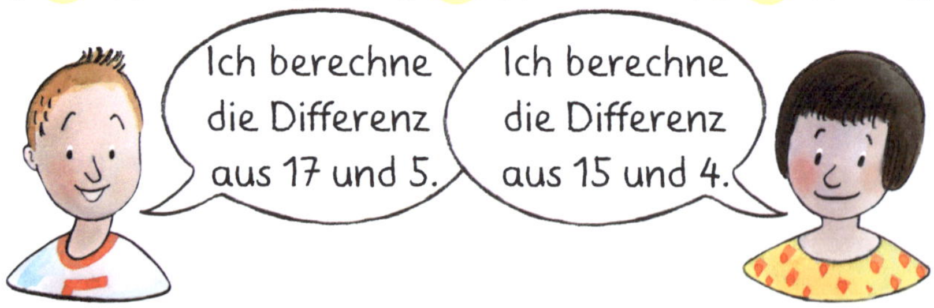

Rechne so und vergleiche.

__ ○ __ = __ | __ ○ __ | __ ○ __ = __

1: Bekannte Aufgabe finden und lösen; Ergebnis übertragen 2: Aufgaben lösen und zuordnen 3 bis 6: Differenz berechnen/Platzhalter bestimmen
7: Differenz berechnen; Relationszeichen setzen 8: Differenzen berechnen und vergleichen

LB ▶ 74 TÜ ▶ 38

①

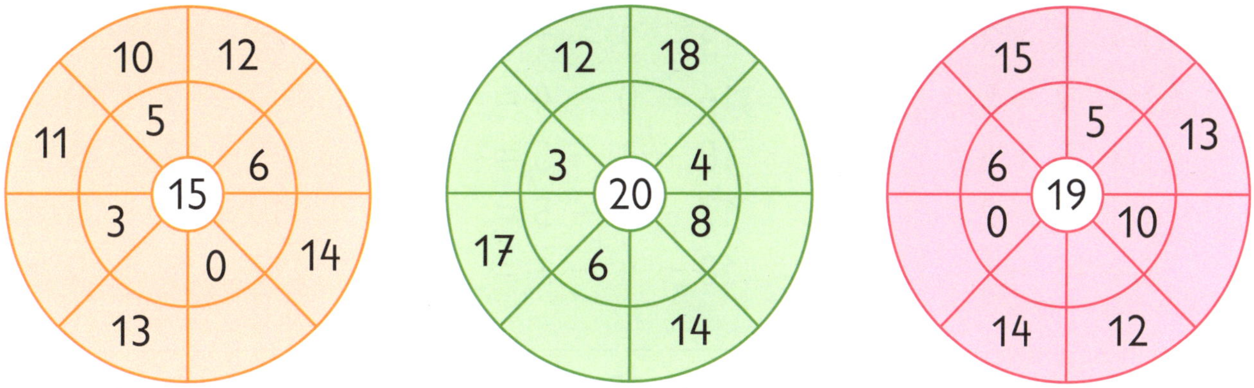

② Finde die Fehler. Streiche durch und berichtige.

12 + 3 = 15	19 + 0 = 10	10 − 10 = 0
12 − 3 = 17	11 − 11 = 10	7 + 0 = 17
1 + 11 = 12	18 + 2 = 20	14 − 2 = 12
18 − 3 = 16	3 + 16 = 13	11 + 7 = 19

③

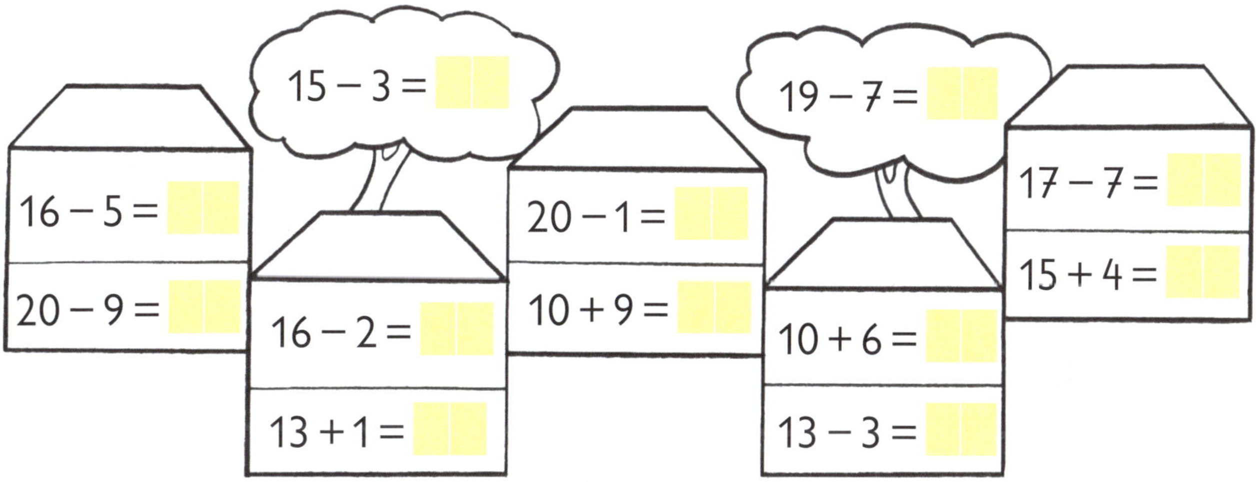

10 = gelb   11 = blau   12 = grün   14 = rot   16 = schwarz   19 = lila

4 Ordne den Lösungen die richtigen Buchstaben zu.

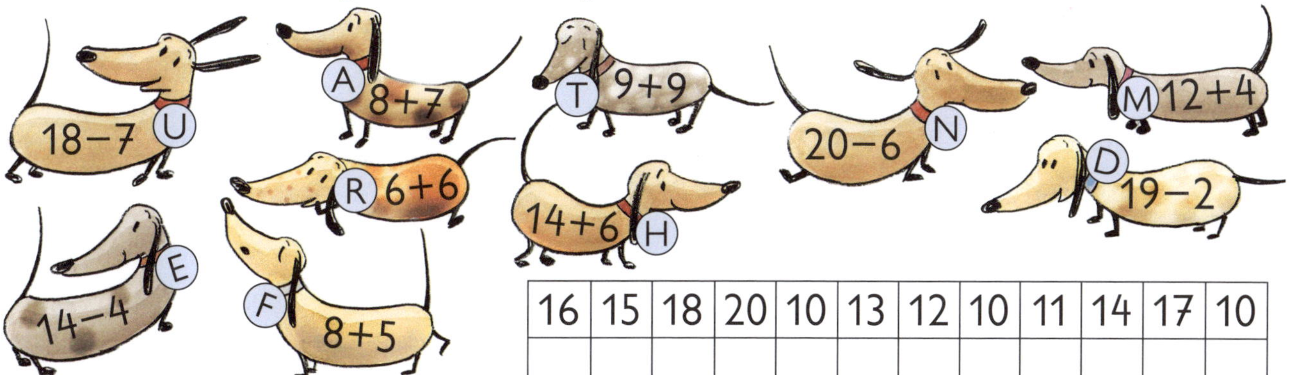

16	15	18	20	10	13	12	10	11	14	17	10

1

10 + 5 + 3 = __	13 − 2 − 1 = __	16 − 2 − 4 = __
12 + 2 + 5 = __	16 − 0 − 4 = __	2 + 7 + 10 = __
1 + 10 + 4 = __	18 − 3 − 5 = __	3 + 13 − 3 = __
4 + 11 + 2 = __	17 − 1 − 5 = __	19 + 1 − 5 = __
6 + 13 + 1 = __	18 − 4 − 1 = __	17 − 5 + 2 = __

○ 20 18 19 17 15 13 10 10 11 12 10 13 14 19 15

+ oder − ?

2

14 __ 3 = 17
15 __ 4 = 19
17 __ 5 = 12
13 __ 2 = 11
18 __ 5 = 13

3

11 + 6 __ 2 = 15
14 − 3 __ 7 = 18
16 − 4 __ 3 = 15
17 − 5 __ 4 = 16
12 − 2 __ 7 = 17

4

17 − 6 __ 2 __ 5 = 18
10 + 3 __ 5 __ 6 = 12
15 − 2 __ 1 __ 3 = 15
11 + 4 __ 3 __ 2 = 16
18 − 2 __ 4 __ 0 = 12

5 Löse die Aufgaben. Färbe Aufgabe, Tausch- und Umkehraufgabe mit der gleichen Farbe.

12 + 5 = __	13 + 6 = __	19 − 4 = __
6 + 13 = __	17 + 1 = __	17 − 5 = __
15 + 4 = __	5 + 12 = __	18 − 5 = __
1 + 17 = __	5 + 13 = __	19 − 6 = __
13 + 5 = __	4 + 15 = __	18 − 1 = __

○ 13 17 17
19 18 12
17 19 13
18 18 18
15 19 19

6

15 −3→ 12; 12 __ __ → 15
16 −4→ __; __ __ __ → 16
18 __ __ → 12; 12 __ __ → 18
17 __ __ → 11; 11 __ __ → 17

7

7 +3→ __ +8→ __ −6→ __ +4→ __ −6→ __

① Eine Aufgabe – vier Nachbarn

	15 +	
14 + 4 = ___	15 + 4 = ___	16 +
	15 +	
	16 −	
15 −	16 − 3 = ___	17 −
	16 −	
	___	
___	16 + 3 = ___	___
	___	
	___	
___	18 − 6 = ___	___
	___	

Immer 4 Aufgaben sind eine Familie.

② ___ + 4 = ___
___ + ___ = ___
9 − ___ = ___
___ − ___ = ___
(5) (4) (9)

3 + ___ = ___
___ + ___ = ___
___ − ___ = ___
___ − ___ = ___
(5) (8) (3)

3 ___ + ___ = ___
___ + ___ = ___
___ − ___ = ___
___ − ___ = ___
(10) (19) (9)

___ + ___ = ___
___ + ___ = ___
___ − ___ = ___
___ − ___ = ___
(7) (10) (17)

④ Immer 10. Kreise die Partner ein.

9 1 5 4 6 5 3 7
2 5 2 8 6 4 5
8 7 3 6 4 5 1 5
9 1 3 7 9

⑤ Immer 10

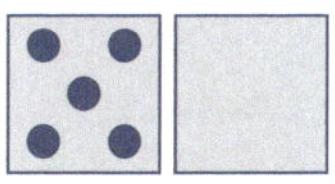
___ + ___ = 10

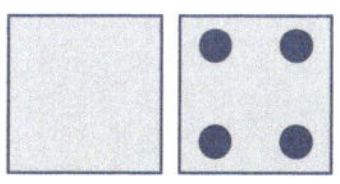
___ + ___ = 10

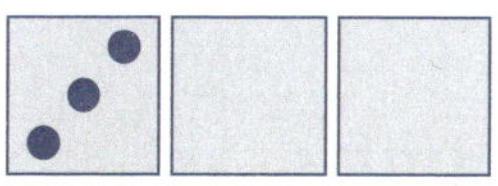
___ + ___ + ___ = 10

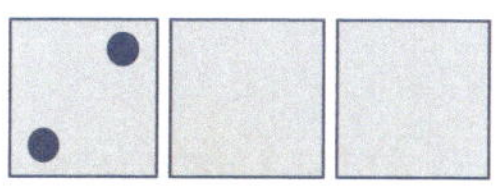
___ + ___ + ___ = 10

⑥ 8 + 2 + 1 = ___
5 + 3 + 5 = ___
6 + 6 + 4 = ___
7 + 9 + 3 = ___

⑦ 12 − 2 − 1 = ___
13 − 5 − 3 = ___
15 − 7 − 5 = ___
18 − 6 − 8 = ___

8 5 + ___ + 2 = 10
___ + 4 + 1 = 10
15 − ___ − 5 = 10
___ − 6 − 4 = 10

1: Nachbaraufgaben finden und lösen 2 und 3: Aufgabenfamilien bilden 4: Zahlen, die sich zu 10 ergänzen, finden
5: Additionsaufgaben mit der Summe 10 finden; Würfelbilder dazu malen 6 bis 8: Rechnen mit drei Zahlen
LB ▶ 79 TÜ ▶ 43

1 Verdopple am Spiegel. Schreibe die Aufgaben dazu.

5 + 5 = __

__ + __ = __

__ + __ = __

2 Verdopple die Anzahl der Kästchen. Schreibe die Aufgaben dazu.

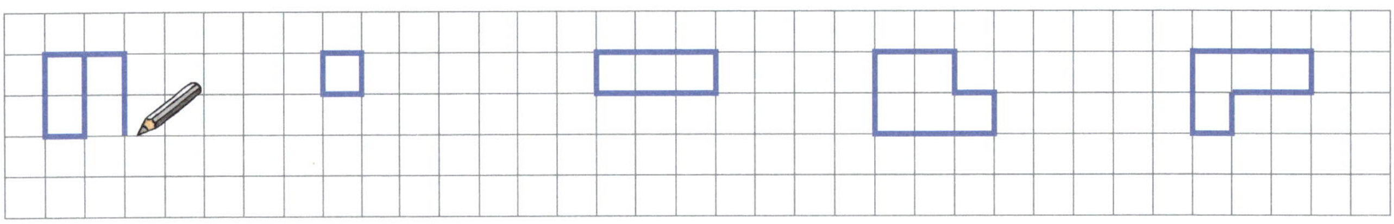

2 + __ = __ 1 + __ = __ 3 + __ = __ 5 + __ = __ 4 + __ = __

3 Lege das Doppelte der Geldbeträge. Trage den doppelten Betrag ein.

Betrag	1 ct	2 ct	3 ct	4 ct	3 €	5 €
Das Doppelte						

4 Halbiere.

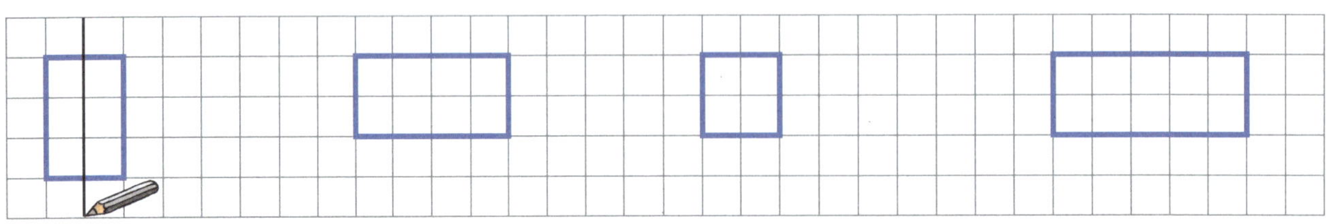

6 = 3 + 3 8 = __ + __ 4 = __ + __ 10 = __ + __

5 Das Doppelte, die Hälfte

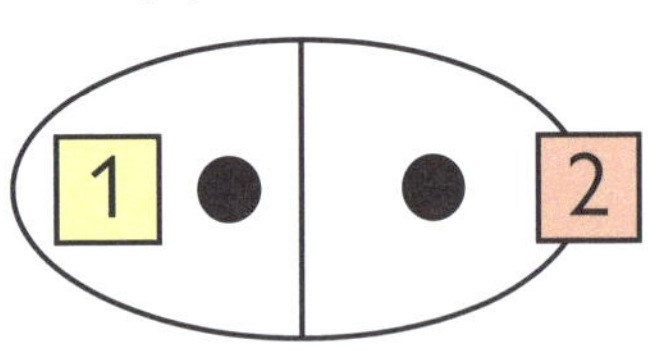

Sprich so:

2 ist das Doppelte von 1.

1 ist die Hälfte von 2.

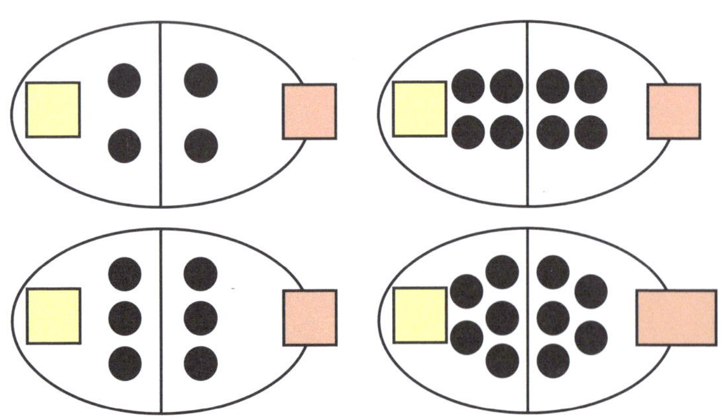

① Gerade oder ungerade Zahl? Kreuze an.

○ gerade
○ ungerade

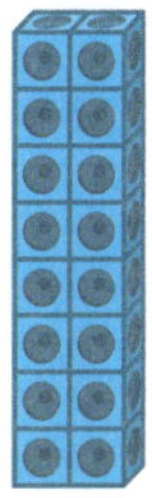

○ gerade
○ ungerade

○ gerade
○ ungerade

② Vervollständige bis 20.

1	3	5												

Das sind ____________ Zahlen.

2	4													

Das sind ____________ Zahlen.

3 Addiere zwei gerade Zahlen.

6 + 8 = 14
12 + ☐ = ☐☐
☐☐ + ☐ = ☐☐
☐ + ☐ = ☐☐

Addiere zwei ungerade Zahlen.

5 + 7 = 12
9 + ☐ = ☐☐
☐ + ☐ = ☐☐
☐ + ☐ = ☐☐

Was für eine Zahl ist das Ergebnis immer?

④ Trage auf der Zahlenkette alle Zahlen von 1 bis 20 ein.
Färbe die geraden Zahlen orange und die ungeraden Zahlen blau.

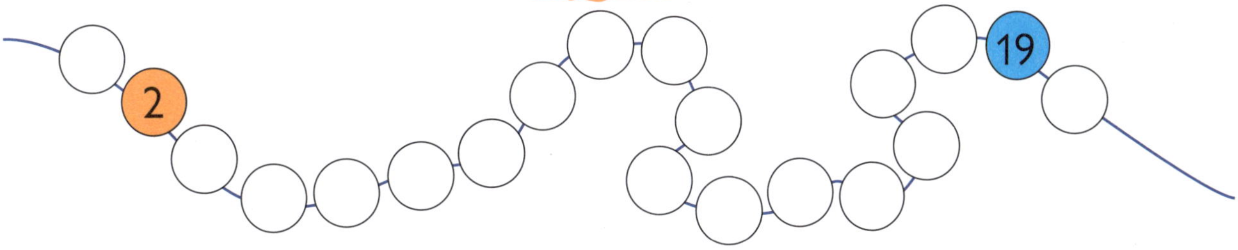

Wie viele gerade und ungerade Zahlen gibt es auf der Zahlenkette?

☐☐ gerade Zahlen ☐☐ ungerade Zahlen

Wähle zu den Sätzen die passenden Fragen.

① ◯ Lisa hat 16 Glaskugeln. Sie verschenkt 5 Kugeln.

◯ In der Klasse 2 sind 12 Mädchen und 7 Jungen.

◯ Ben hat 12 Seiten und später noch 8 Seiten gelesen.

◯ Von 20 Kindern der 1. Klasse gehen 6 Kinder in keine Arbeitsgemeinschaft.

Fragen zur Auswahl:

Ⓐ Wie viele Kinder sind in der Klasse?
Ⓑ Wie viele Glaskugeln hat sie noch?
Ⓒ Wie viele Seiten hat er insgesamt gelesen?
Ⓓ Wie viele Kinder gehen in eine Arbeitsgemeinschaft?

② Tom und Anna haben Pfeile geworfen. Wonach kannst du fragen?
Finde eine Aufgabe und löse sie.

Tom:

__ + __ = __

Anna:

__ + __ + __ = ____

③ Ben hat 20 Farbstifte in seiner Mappe. 7 Stifte hat er zum Zeichnen herausgenommen. Wonach kannst du fragen? Finde die passende Aufgabe und löse sie.

____ − ____ = ____

① Anna hat gestempelt.

Wie viele?

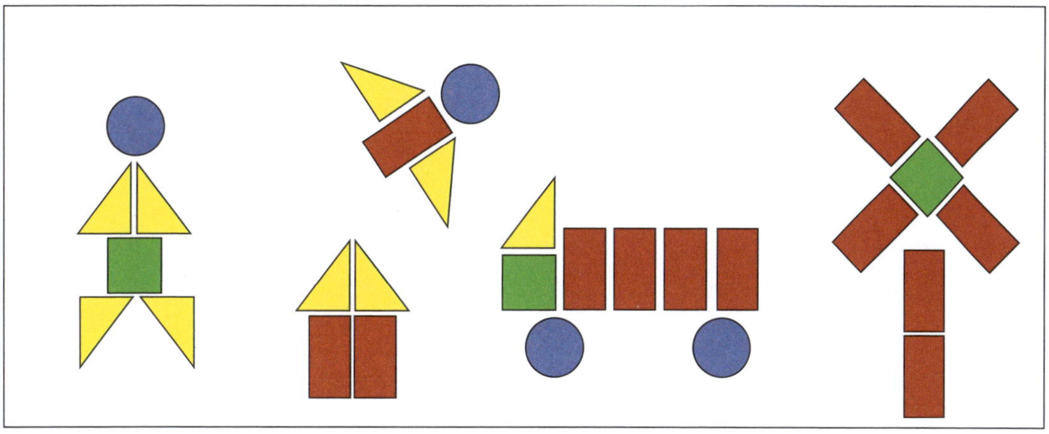

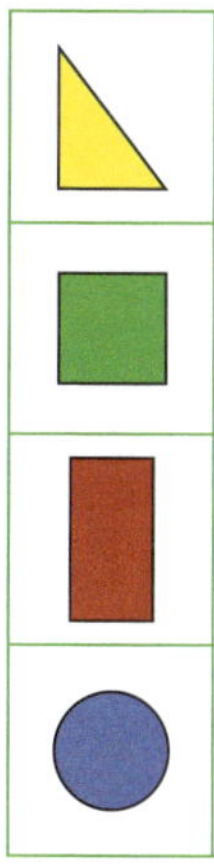

② Zeichne ein Bild mit den angegebenen Figuren.

So viele hast du:

	6
	4
	5
	8

③ Färbe.

Vierecke gelb

Kreise rot

Dreiecke blau

Wie viele sind es?

Kreise

Dreiecke

Vierecke

1

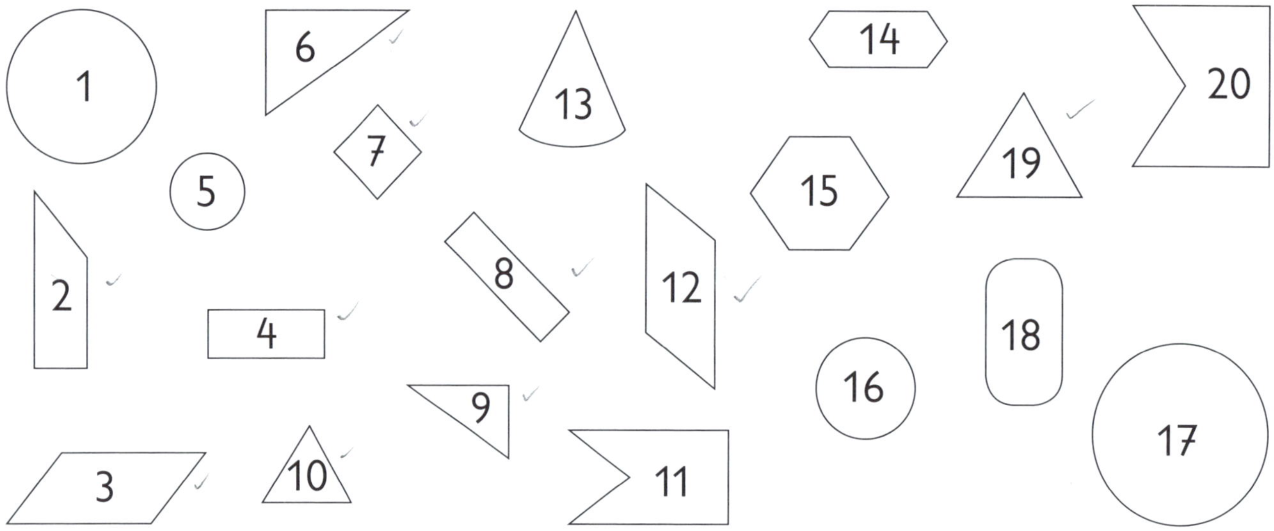

Dreiecke	Vierecke	Kreise
6		

2 Zeichne verschiedene Dreiecke und Vierecke.

① Falte, schneide und lege Muster.

② Male die Muster weiter.

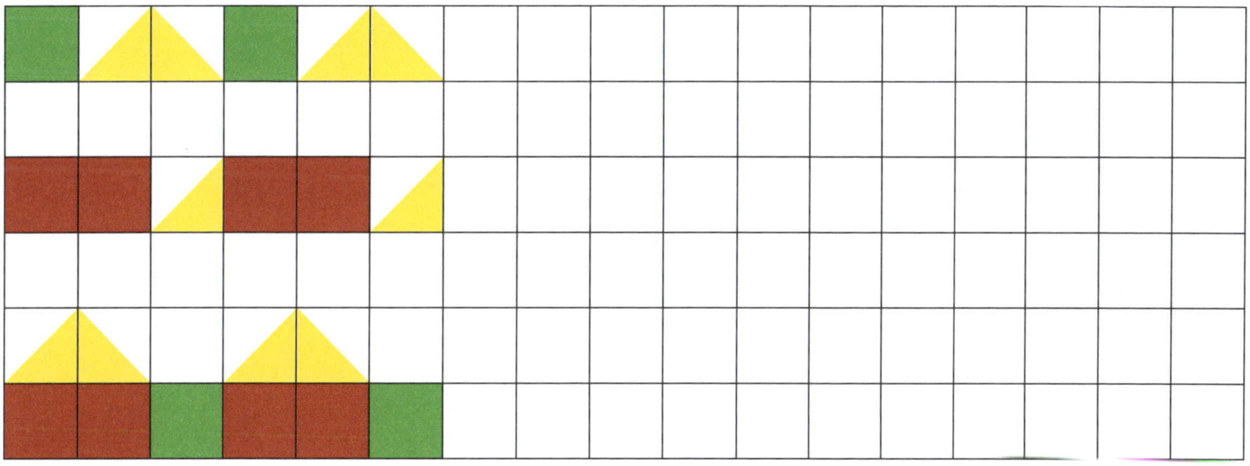

③ Male die Muster weiter.

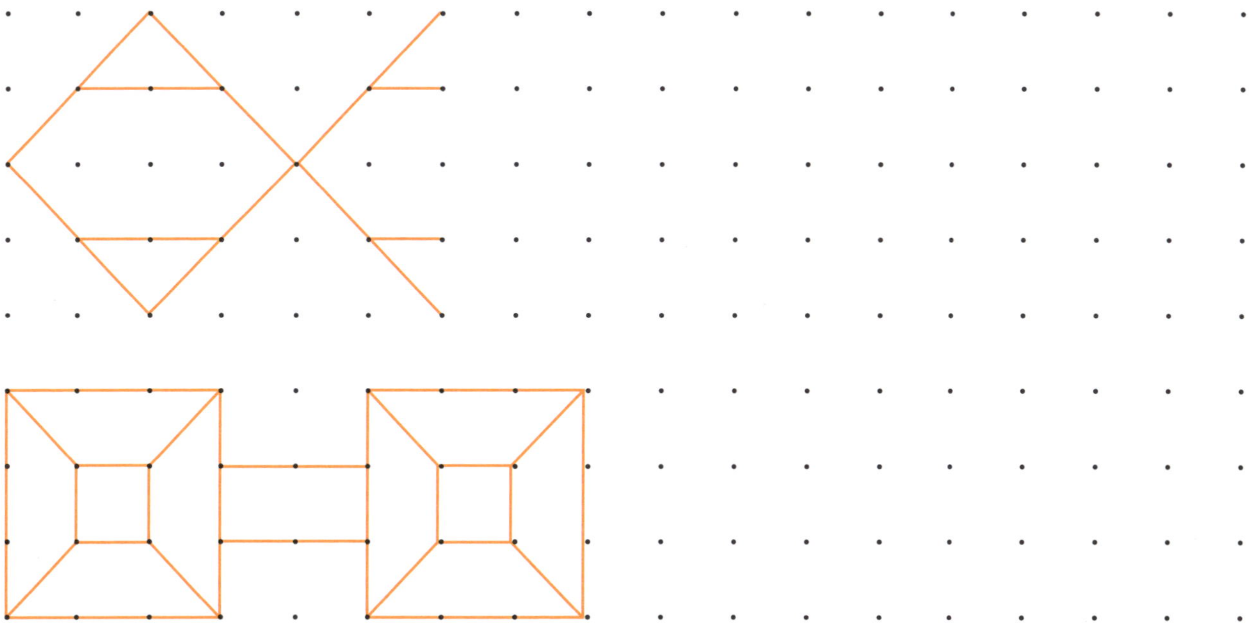

1: Falten, schneiden und Muster legen 2 und 3: Muster zeichnen
LB ▶ 91–92

①

__ €

__ €

__ €

__ €

② Lege und male.

17 €	12 €	19 €	8 €	15 €

③ Wechsle.

 = ◯ ◯ ◯

 = ☐ ☐

 = ☐

 = ☐

④ Lege und rechne.

6 € + 4 € = __ €
17 € + 3 € = __ €
5 € + 5 € = __ €
10 € + 7 € = __ €

8 € − 6 € = __ €
12 € − 1 € = __ €
18 € − 8 € = __ €
20 € − 10 € = __ €
19 € − 6 € = __ €

◯ 10 10 2
20 13 10
11 17 10

☐ 2 6 10
11 12 16
2 17 15
20

5

14 € + __ € = 16 €
8 € + __ € = 10 €
__ € + 3 € = 15 €
__ € + 5 € = 20 €
__ € + 0 € = 11 €

18 € − __ € = 12 €
20 € − __ € = 10 €
__ € − 2 € = 14 €
__ € − 1 € = 19 €
__ € − 6 € = 11 €

1: Summe der Geldwerte bestimmen 2: Geldbetrag legen und malen 3: Wechseln in Münzen und Scheinen 4 und 5: Mit Geldbeträgen rechnen

LB ▶ 94–95 TÜ ▶ 49

1

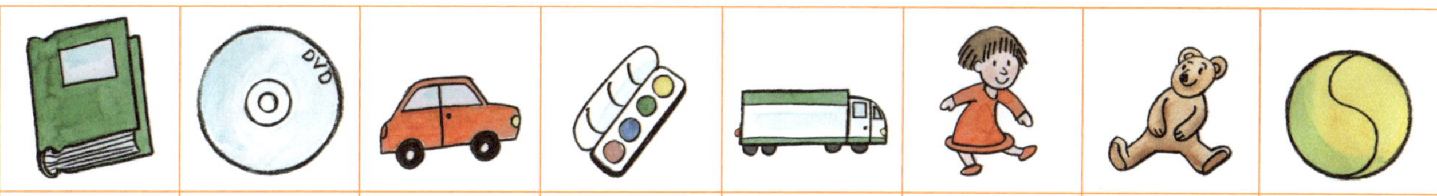

15 €	13 €	11 €	7 €	6 €	5 €	3 €	2 €

15 € + 2 € = __ €

__ € + __ € = __ €

__ € + __ € = __ €

__ € + __ € + __ € = __ €

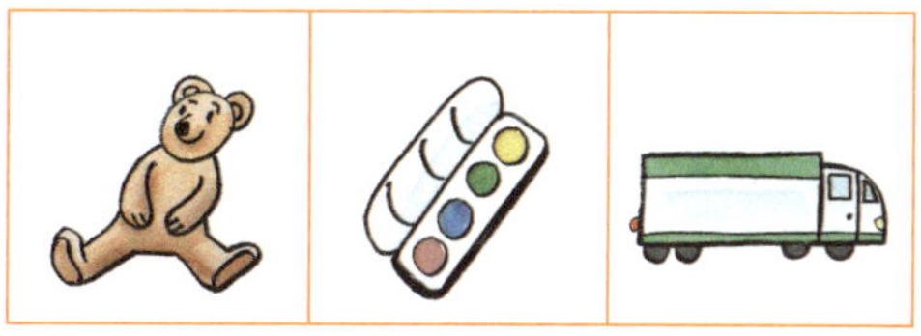

__ € + __ € + __ € = __ €

2

__ € + __ € + __ € + __ € = __ €

☐ 17 16 18
18 16

3 Berechne die Summe aus 15 € und 4 €. __ ○ __ = __

Berechne die Differenz aus 15 € und 4 €. __ ○ __ = __

Vergleiche die Ergebnisse <, =, >. __ ○ __

4

Max kauft:	2 € 	11 € 	15 € 
Max gibt:			
Max bekommt zurück:	__ €	__ €	__ €

1 Male in die Kästchen und rechne.

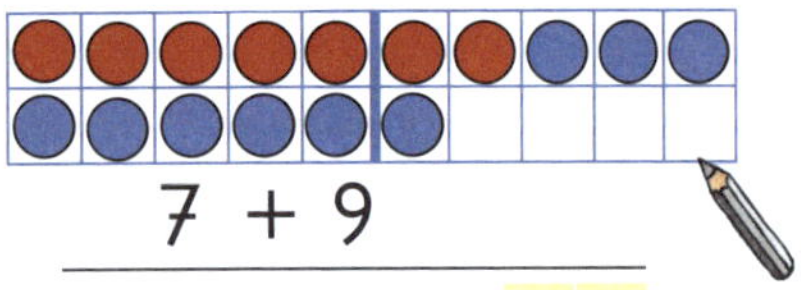

7 + 9	8 + 5
7 + 3 = __	8 + __ = __
__ + 6 = __	__ + __ = __
7 + __ = __	__ + 5 = __

6 + 7	7 + 8	9 + 5
6 + 4 = __	7 + __ = __	9 + __ = __
__ + 3 = __	__ + __ = __	__ + __ = __
6 + __ = __	__ + 8 = __	__ + __ = __

2 Immer erst bis 10

8 + 5 = __	7 + 9 = __	8 + 6 = __
8 + __ + __ = __	7 + __ + __ = __	8 + __ + __ = __

3 Rechne.

6 + 5 = 6 + 4 + __	7 + 8 = __ + __ + __	5 + 9 = __ + __ + __
6 + 5 = __ + __	7 + 8 = __ + __	5 + 9 = __ + __
6 + 5 = __	7 + 8 = __	5 + 9 = __

4

+	7	5	6
8			
7			
6			

5 (Dreieck)

+		6	8
7	11		
		14	

6 Finde die Fehler und streiche sie durch.

+	8	4	7	5
6	13	10	15	11
8	16	11	15	13
9	17	13	17	14

7

9 + 4 = __
9 + 6 = __
9 + 8 = __
9 + 10 = __

8

5 + 6 = __
5 + 8 = __
5 + 7 = __
5 + 9 = __

9

__ + 8 = 11
__ + 8 = 14

1 bis 3: Addieren, Ergänzen bis zur 10 4 und 5: Addieren in Tabellen 6: Fehler suchen und kennzeichnen 7 bis 9: Addieren nach selbst gewähltem Rechenweg
LB ▶ 96–97 TÜ ▶ 50

① Male in die Kästchen und rechne.

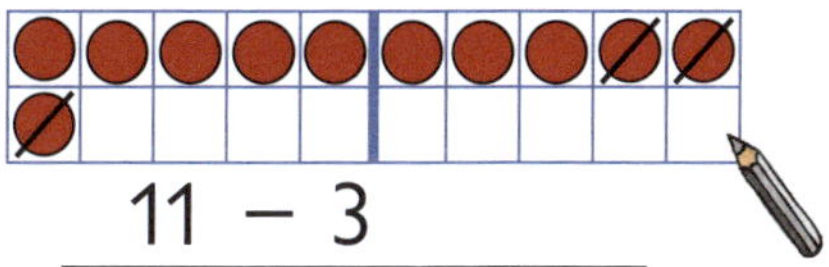

11 − 3	12 − 5
11 − 1 = ___	12 − ___ = ___
___ − 2 = ___	___ − ___ = ___
11 − ___ = ___	___ − 5 = ___

17 − 8	14 − 6	15 − 8
17 − 7 = ___	14 − ___ = ___	15 − ___ = ___
___ − 1 = ___	___ − ___ = ___	___ − ___ = ___
17 − ___ = ___	___ − 6 = ___	___ − ___ = ___

② Immer erst bis 10

13 − 6 = ___   11 − 8 = ___   17 − 9 = ___

13 − ___ − ___ = ___   11 − ___ − ___ = ___   17 − ___ − ___ = ___

③ Rechne.

16 − 8 = 16 − 6 − ___   15 − 7 = ___ − ___ − ___   14 − 9 = ___ − ___ − ___

16 − 8 = ___ − ___   15 − 7 = ___ − ___   14 − 9 = ___ − ___

16 − 8 = ___   15 − 7 = ___   14 − 9 = ___

④

−	7	8	9
15			
14			
13			

△5

−			9
16	8		
		11	
12			

6 Finde die Fehler und streiche sie durch.

−	6	7	5	8
11	6	4	6	2
13	7	8	8	5
15	10	8	6	5

⑦
15 − 8 = ___
14 − 7 = ___
13 − 6 = ___

⑧
15 − 9 = ___
15 − 7 = ___
15 − 8 = ___

9
___ − 8 = 2
___ − 8 = 5

1 bis 3: Subtrahieren zum Zehner   4 und 5: Subtrahieren in Tabellen   6: Fehler suchen und kennzeichnen
7 bis 9: Subtrahieren nach selbst gewähltem Rechenweg
LB ▶ 98–99   TÜ ▶ 51

① Rechne. Finde die Lösungsworte.

16 − 9 =	13 − 7 =	12 − 8 =
11 − 9 =	9 + 5 =	17 − 9 =
7 + 9 =	18 − 6 =	17 − 3 =
6 + 8 =	10 + 4 =	5 + 8 =
7 + 5 =	5 + 6 =	

T	H	N	R	G	S	P	R	E	U	C
13	4	8	12	6	7	16	12	14	2	11

②

7	4	1
6	3	4
5	2	4
6		6

(letzte Mauer: mittlere Reihe links 9)

3

5 →(+5) ☐ →(−3) ☐ →(+6) ☐ →(−8) ☐ →(+9) 14

12 →(−8) ☐ →(+9) ☐ →(+7) ☐ →(−4) ☐ →(−9) 7

3 →(+8) ☐ →(−5) ☐ →(+7) ☐ →(−8) ☐ →(+12) 17

④

16 = blau 8 = schwarz 7 = gelb 13 = rot 15 = grün

1: Addieren und Subtrahieren nach selbst gewählten Lösungsweg; Buchstaben zuordnen 2: Rechenmauern lösen 3: Rechenketten lösen
4: Farben den Aufgaben zuordnen

LB ▶ 100–101 TÜ ▶ 52–53

ISBN 978-3-06-083114-2

1. Auflage, 9. Druck 2014

Liebe Lehrerinnen und Lehrer,

die bundesweiten Vergleichsarbeiten (VERA) zur Lernstandserhebung sind in der Grundschule mittlerweile zu einem festen Bestandteil geworden. Sie werden jährlich gegen Ende der dritten Klasse durchgeführt und sollen das Erreichen der Bildungsstandards überprüfen sowie Hinweise zur Verbesserung der Lernleistungen und für die Weiterentwicklung des Unterrichts geben. Dazu gehört auch die Verbesserung der Diagnosegenauigkeit.
Sich über einen längeren Zeitraum auf Aufgaben zu konzentrieren, ist für viele Schülerinnen und Schüler ungewohnt und anstrengend. Das gilt auch für die Erfahrung, unter Zeitdruck zahlreiche, zum Teil noch unbekannte Aufgabenformate ohne Hilfsmittel bearbeiten zu müssen.

Mit den vorliegenden Lernstandserhebungen möchten wir Ihre Schülerinnen und Schüler und Sie selbst unterstützen:

- Den Schülerinnen und Schülern sollen die vorliegenden Lernstandserhebungen helfen, sich mit sorgfältig ausgewählten Aufgaben, wie sie auch in den Vergleichsarbeiten verwendet werden, **auf die ungewohnte Testsituation vorzubereiten**. Möglicherweise vorhandene Ängste können so abgebaut und es kann Sicherheit gegenüber der zukünftigen Testsituation gewonnen werden.
- Bei Ihrer **täglichen förderdiagnostischen Arbeit** sollen die Lernstandserhebungen Sie unterstützen und dabei helfen, aktuelle Lernstände und vorhandene Kompetenzen Ihrer Schülerinnen und Schüler in den verschiedenen inhaltlichen Bereichen einzuschätzen und den individuellen förderdiagnostischen Bedarf zu ermitteln.

Die Aufgaben sind an den KMK Bildungsstandards sowie den Lehr- und Bildungsplänen der Bundesländer orientiert und fokussieren die dort beschriebenen Lernziele und zu erreichenden Kompetenzen.
Im Auswertungsbogen werden neben den **Aufgabenlösungen** das jeweilige **Niveau** der Aufgabe sowie die jeweils fokussierten **Fähigkeiten, Fertigkeiten** und **Kenntnisse** beschrieben, die zur Aufgabenbewältigung im Wesentlichen benötigt werden.
In Anlehnung an die drei in den KMK Bildungsstandards angeführten Anforderungsbereiche „Reproduzieren“, „Zusammenhänge herstellen“ sowie „Verallgemeinern und Reflektieren“ (vgl. Bildungsstandards im Fach Mathematik für den Primarbereich, Beschluss vom 15. 10. 2004, S. 13) und den VERA-Fähigkeitsniveaus 1–3 (vgl. Beschreibung der Fähigkeitsniveaus Mathematik VERA 2009, S. 2) sind den Aufgaben der vorliegenden Lernstandserhebungen drei Niveaustufen zugeordnet, die entsprechend *grundlegende, erweiterte* und *fortgeschrittene* Fähigkeiten erfordern.

Niveau 1: „Reproduzieren" → erfordert grundlegende Fähigkeiten
Das Lösen der Aufgabe erfordert Grundwissen und das Ausführen von Routinetätigkeiten.
Niveau 2: „Zusammenhänge herstellen" → erfordert erweiterte Fähigkeiten
Das Lösen der Aufgabe erfordert das Erkennen und das Nutzen von Zusammenhängen.
Niveau 3: „Verallgemeinern, Reflektieren und Beurteilen" → erfordert fortgeschrittene Fähigkeiten
Das Lösen der Aufgabe erfordert komplexe Tätigkeiten wie z. B. Strukturieren, Entwickeln von Strategien, Beurteilen und Verallgemeinern.

Der Auswertungsbogen der Lernstandserhebungen bietet darüber hinaus Platz für Ihre **Beobachtungen und Notizen** zur Einschätzung des jeweiligen Lernstandes des Kindes im Rahmen Ihrer förderdiagnostischen Arbeit.

Den Schülerinnen und Schülern ermöglicht ein einfaches Smiley-System auf den Testseiten die **Selbsteinschätzung** und schafft so eine Basis zur Reflexion des eigenen Lernstandes. Gemeinsam mit dem Kind können anschließend die Ergebnisse aus der Selbsteinschätzung und Ihre Einschätzungen aus dem Auswertungsbogen in einem förderdiagnostischen Gespräch zu einem Gesamtbild zusammengefügt und Lernziele sowie nächste Lernschritte vereinbart werden. Dabei kann es im Sinne einer dialogisch orientierten Förderdiagnostik sehr aufschlussreich sein, nach Lösungswegen und Erklärungen bei falsch gelösten Aufgaben zu fragen, um Einblicke in die Denkwege Ihrer Schülerinnen und Schüler bei der Lösung einer Aufgabe zu bekommen.

Die Lernstandsseiten erheben nicht den Anspruch, eine kontinuierliche Beobachtung und Dokumentation des Lernverlaufs sowie förderdiagnostische Maßnahmen zu ersetzen. Sie können aber einen wichtigen Beitrag zu Ihrer alltäglichen förderdiagnostischen Arbeit leisten.

Ihr Cornelsen Verlag

Hinweis:
Weitere Lernstandserhebungen zu den hier nicht behandelten Bereichen finden Sie in den Handreichungen.

Erarbeitet von:	Silke Ladel
Redaktion:	Antje Stadermann
Illustrationen:	Gabriele Heinisch
Layout:	Birgit Riemelt, Berlin
Technische Umsetzung:	Jana Faust, Berlin

Liebe Schülerin, lieber Schüler,

1. Schreibe deinen **Namen** und das **Datum** oben auf jedes Blatt:

   Name: Datum:

2. **Lies** dir die Aufgabe **in Ruhe** durch.
   Bearbeite sie dann.
   Gehe danach zur **nächsten Aufgabe.**

3. Wenn du die Aufgabe nicht lösen kannst, gehe zur **nächsten Aufgabe** und versuche es **später noch einmal.**

4. Wenn du eine Aufgabe bearbeitet hast, **kreuze an,** wie schwierig du die Aufgabe findest.

   Diese Aufgabe
   ☺ kann ich gut lösen.
   😐 kann ich nur zum Teil lösen.
   ☹ kann ich gar nicht lösen.

Viel Spaß und viel Erfolg!

Name: Datum:

Wie ist mein Ergebnis?

☺ 😐 ☹

1 Wie viele Würfel brauchst du zum Bauen?
Beachte verdeckte Bausteine.

a) b)

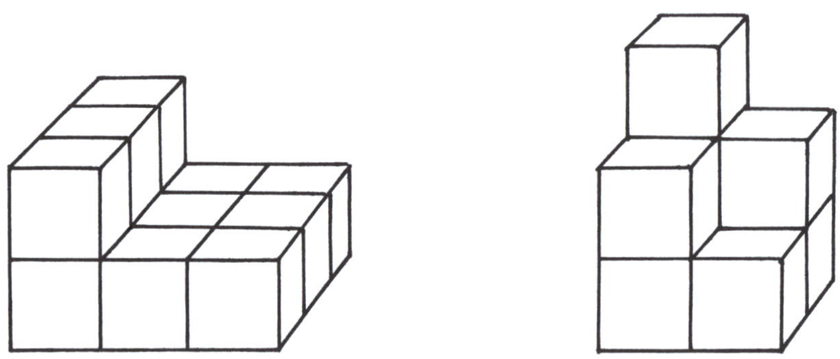

☐ Würfel ☐ Würfel

☺ 😐 ☹

2 Berechne.

a) 4 + 5 = ☐

b) 9 − 3 = ☐

c) 2 + 4 = ☐

d) 7 − 3 = ☐

e) 15 − 8 = ☐

f) 6 + 9 = ☐

g) 12 − 6 = ☐

h) 8 + 7 = ☐

Name: Datum:

Wie ist mei
Ergebnis?

☺ 😐 ☹

3 Setze die Wörter richtig ein.

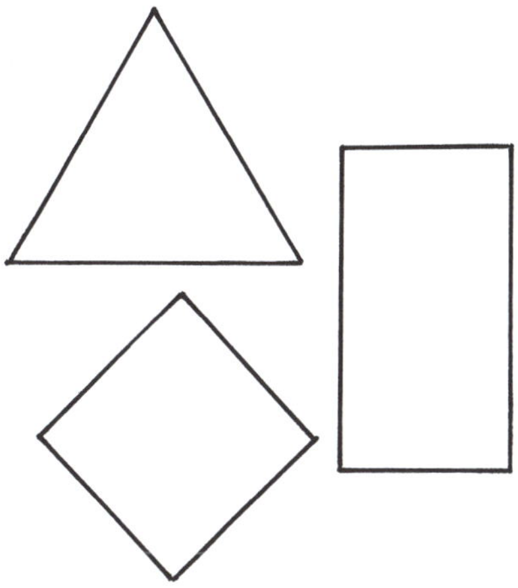

a) **Links** oder **rechts**?

Das ◇ liegt ________ vom □.

Das □ liegt ________ vom △.

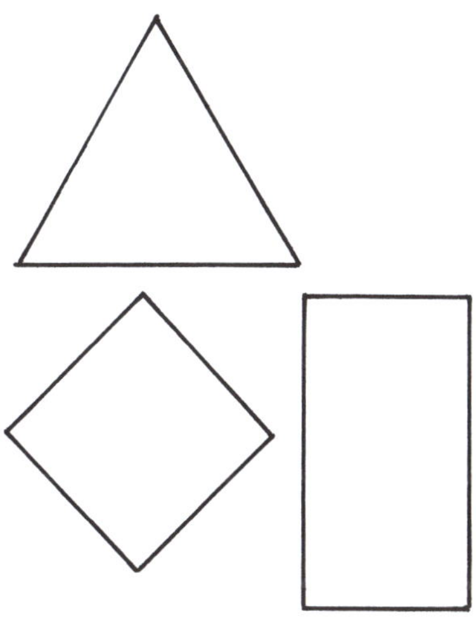

b) **Über** oder **unter**?

Das □ liegt ________ dem △.

Das ◇ liegt ________ dem △.

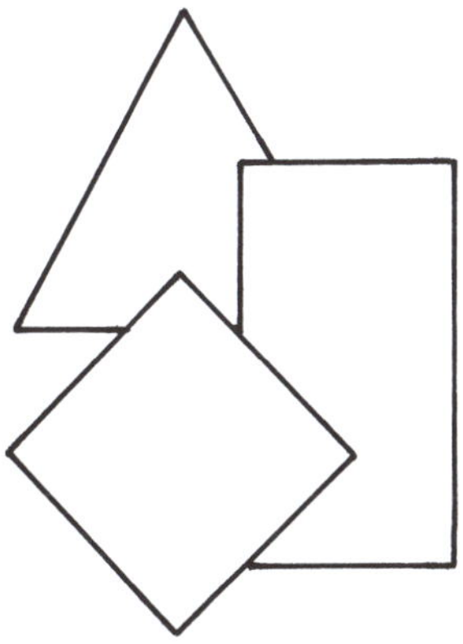

c) **Hinter** oder **vor**?

Das △ liegt ________ dem ◇.

Das □ liegt ________ dem △.

☺ kann ich gut lösen 😐 kann ich nur zum Teil lösen ☹ kann ich gar nicht lösen

Name: Datum:

ie ist mein gebnis?

☺ 😐 ☹

4 Vervollständige.

a) $4 + \square = 15$

b) $\square + 3 = 11$

c) $16 = 9 + \square$

d) $13 = \square + 7$

e) $15 - \square = 12$

f) $\square - 7 = 7$

g) $4 = 9 - \square$

h) $3 = \square - 9$

☺ 😐 ☹

5 Setze fort.

a) 

b) 

c) 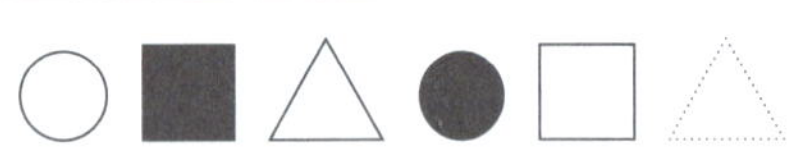

d) 

Name: Datum:

Wie ist mei Ergebnis?

☺ 😐 ☹

6 Würfelspiel: Immer 10

Beispiel:

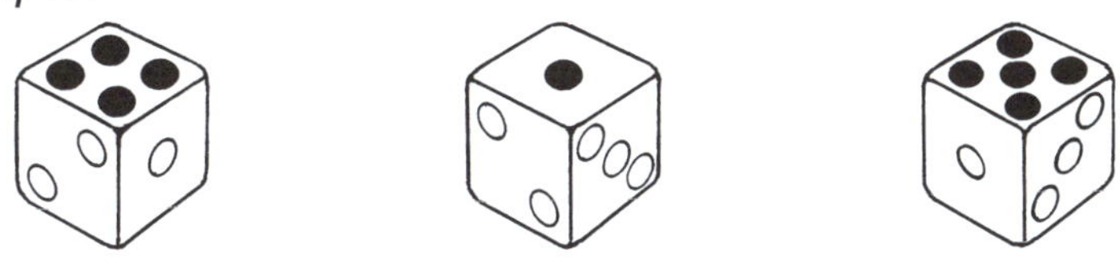

4 + 1 + 5 = 10

Die 3 Zahlen dürfen nur einmal in einer Rechnung stehen:
4 + 1 + 5 = 10, 5 + 1 + 4 = 10 und 1 + 5 + 4 = 10 gelten als **eine** Möglichkeit.

a) Schreibe **verschiedene** Möglichkeiten auf.
Nutze nur die Zahlen des Würfels.

☐ + ☐ + ☐ = 10	☐ + ☐ + ☐ = 10
☐ + ☐ + ☐ = 10	☐ + ☐ + ☐ = 10
☐ + ☐ + ☐ = 10	☐ + ☐ + ☐ = 10
☐ + ☐ + ☐ = 10	☐ + ☐ + ☐ = 10
☐ + ☐ + ☐ = 10	☐ + ☐ + ☐ = 10

b) Wie viele **verschiedene** Möglichkeiten gibt es, die **10** zu würfeln?

___

Name: Datum:

ie ist mein
gebnis?

☺ 😐 ☹

1 **a)** Welche Bilder passen zur Aufgabe **4 + 5**?
Kreuze **alle** richtigen Lösungen an.

☐

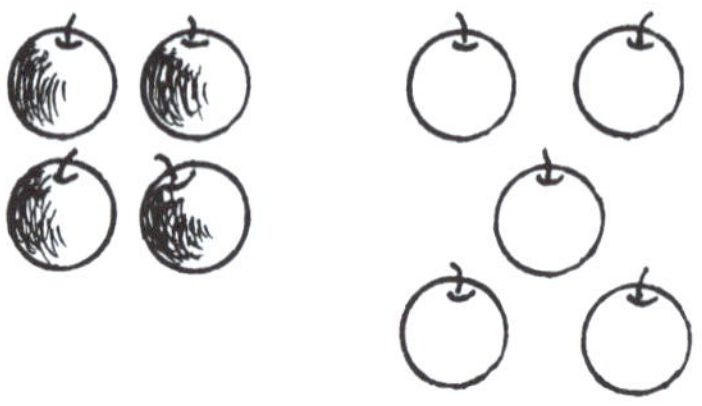
☐

☐

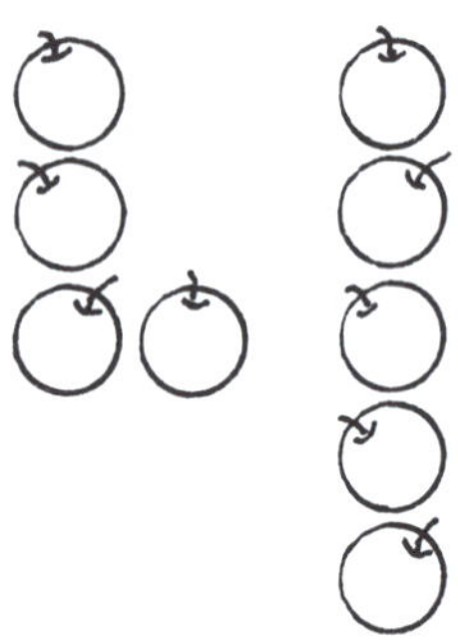
☐

b) Stelle die Aufgabe am Zwanzigerfeld dar.

Beispiel: 3 + 4

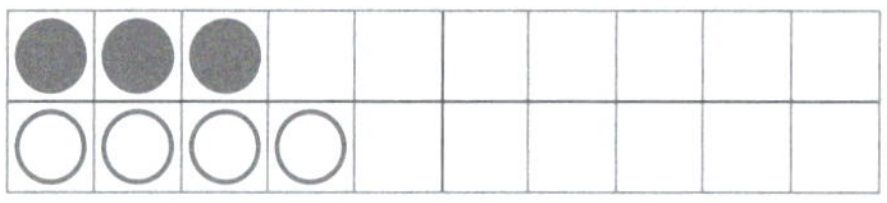

Beispiel: 7 − 3

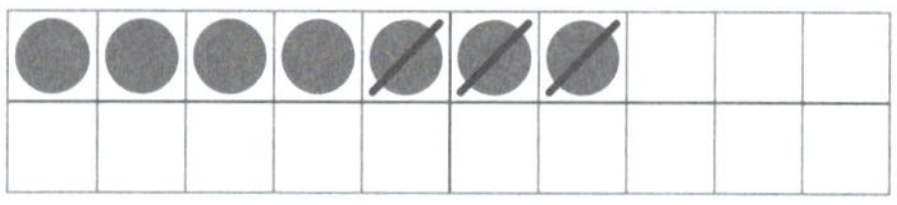

13 − 7

5 + 7

4 + 4

9 − 3

☺ kann ich gut lösen 😐 kann ich nur zum Teil lösen ☹ kann ich gar nicht lösen

Name: Datum:

Wie ist mein Ergebnis?

2 Streiche falsche Spiegelbilder durch.

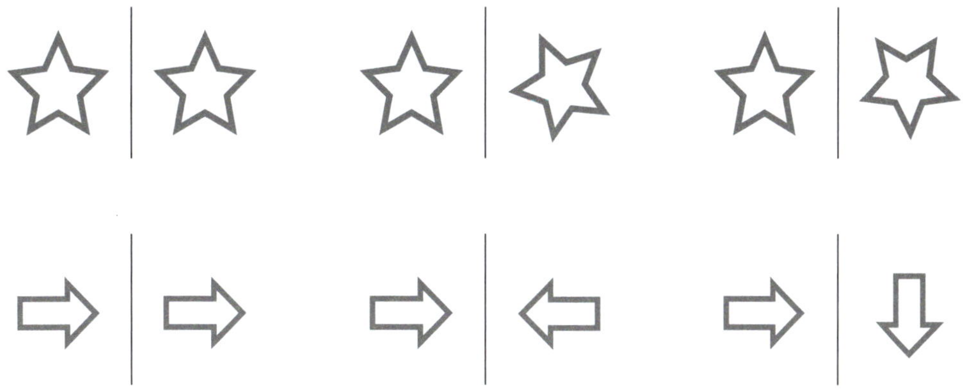

3 Aufgabenfamilien
Mit den folgenden 3 Zahlen kannst du immer
4 verschiedene Aufgaben bilden.

Beispiel:

6 7 13

$6 + 7 = 13$
$7 + 6 = 13$
$13 - 6 = 7$
$13 - 7 = 6$

Bilde jeweils Aufgabenfamilien.

a) 8 5 3

b) 8 9 17

Name: Datum:

ie ist mein
gebnis?

☺ 😐 ☹

4 **a)** Welche Formen brauchst du zum Auslegen des Rechtecks?
Gib die Anzahl an.

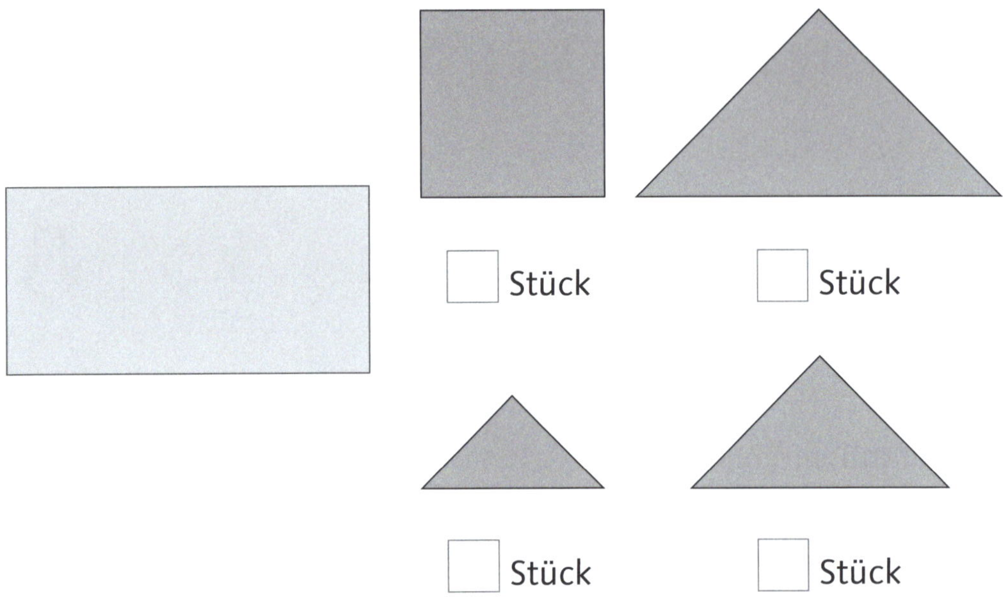

b) Kannst du das Rechteck mit **genau 4 Teilen** auslegen?
Welche brauchst du?

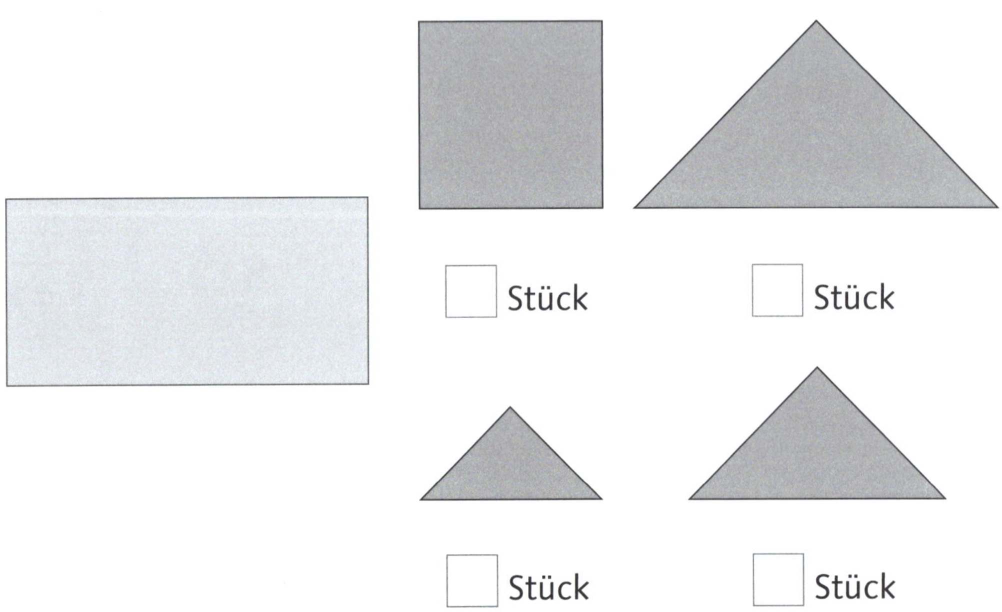

Name: Datum:

Wie ist mei
Ergebnis?

☺ 😐 ☹

5 Das ist eine Minus-Mauer. Der darunterliegende Stein ist immer der Unterschied zwischen den beiden oberen Steinen.

Beispiel:

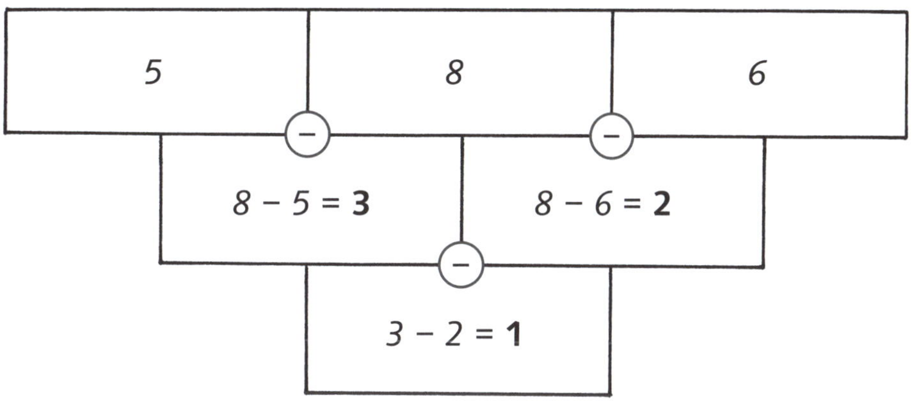

a) Fülle die Mauer so aus, dass unten eine 0 steht.

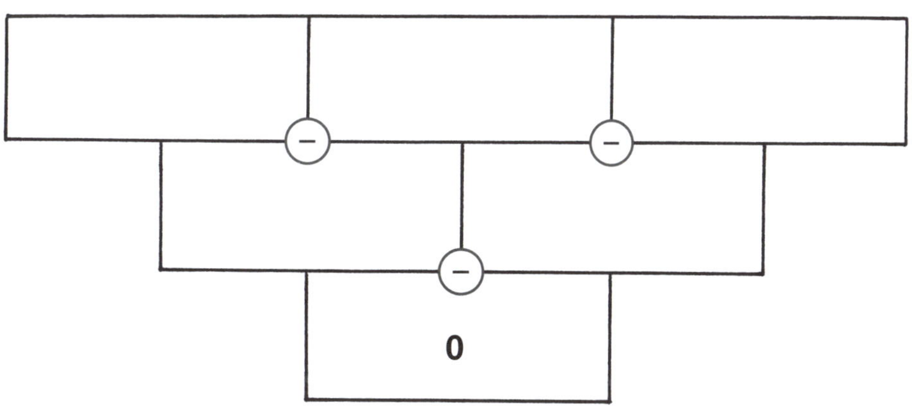

b) Finde eine Minus-Mauer mit einer 1 unten.

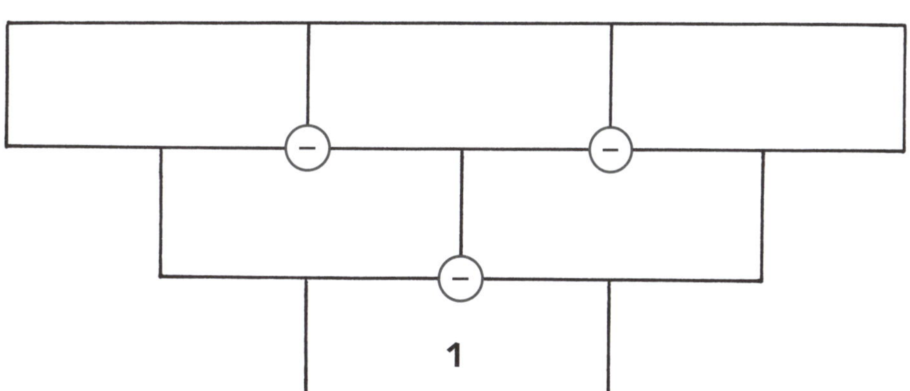

☺ kann ich gut lösen ☺ kann ich nur zum Teil lösen ☹ kann ich gar nicht lösen

Name: Datum:

'ie ist mein
gebnis?

☺ 😐 ☹

6 Folge der Anweisung. Zeichne den Weg ein.
Wo kommst du an?

↑ ↑ ↑ → → ↑ ←

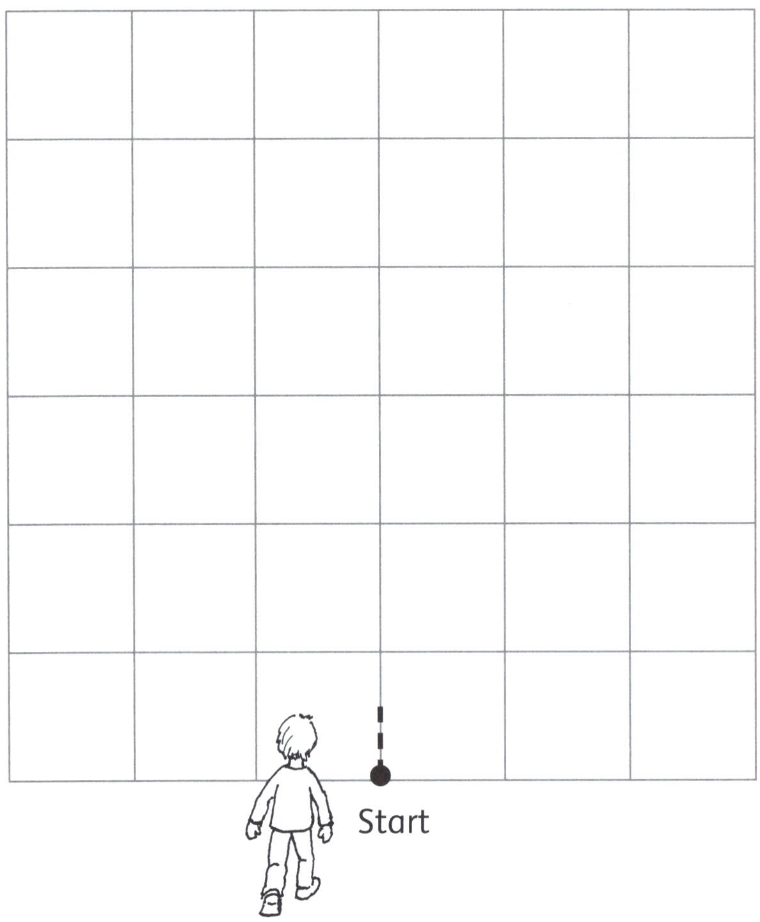

Auswertungsbogen

Lernstandserhebungen Mathematik, Klasse 1 Name: ______________ Klasse: ______

Lernstandserhebung 1: ***Zahlen/Operationen*** **und** ***Raum/Form*** durchgeführt am ____________

Aufgabe	Zahlen und Operationen	Raum und Form	Niveau	Fähigkeiten, Fertigkeiten und Kenntnisse	Lösungen	Beobachtungen und Notizen
1		X	1	• Räumliches Vorstellungsvermögen • Erkennen verdeckter Bausteine	**a)** **12** Würfel **b)** **8** Würfel	
2	X		1	• Addition und Subtraktion im ZR bis 10: Aufg. **a)**, **c)** und **b)**, **d)** • Addition und Subtraktion im ZR bis 20 mit Zehnerübergang: Aufg. **f)**, **h)** und **e)**, **g)**	**a)** 4 + 5 = **9** **e)** 15 − 8 = **7** **b)** 9 − 3 = **6** **f)** 6 + 9 = **15** **c)** 2 + 4 = **6** **g)** 12 − 6 = **6** **d)** 7 − 3 = **4** **h)** 8 + 7 = **15**	
3		X	2	• Korrekte Verwendung der Begriffe „links“, „rechts“, „unter“, „über“, „hinter“, „vor“ • Erkennen von Lagebeziehungen	**a)** Das Quadrat liegt **links** vom Rechteck. Das Rechteck liegt **rechts** vom Dreieck. **b)** Das Rechteck liegt **unter** dem Dreieck. Das Quadrat liegt **unter** dem Dreieck. **c)** Das Dreieck liegt **hinter** dem Quadrat. Das Rechteck liegt **vor** dem Dreieck.	
4	X		2	• Aufgaben ohne ZÜ: **a)**, **e)**, **g)**; mit ZÜ: **b)**, **c)**, **d)**, **f)**, **h)** • Variation der gesuchten Zahl: 2. Summand: **a)**, **c)**; 1. Summand: **b)**, **d)**; Subtrahend: **e)**, **g)**; Minuend: **f)**, **h)** • Variation der Stelle des Gleichheitszeichens	**a)** 4 + **11** = 15 **e)** 15 − **3** = 12 **b)** **8** + 3 = 11 **f)** **14** − 7 = 7 **c)** 16 = 9 + **7** **g)** 4 = 9 − **5** **d)** 13 = **6** + 7 **h)** 3 = **12** − 9	

Niveaustufen: 1 = „Reproduzieren“ → erfordert grundlegende Fähigkeiten 2 = „Zusammenhänge herstellen“ → erfordert erweiterte Fähigkeiten 3 = „Verallgemeinern und Reflektieren“ → erfordert fortgeschrittene Fähigkeiten

Auswertungsbogen

Lernstandserhebungen Mathematik, Klasse 1 Name: ____________ Klasse: ______

Lernstandserhebung 1: ***Zahlen/Operationen*** **und** ***Raum/Form*** durchgeführt am ________

Aufgabe	Zahlen und Operationen	Raum und Form	Niveau	Fähigkeiten, Fertigkeiten und Kenntnisse	Lösungen	Beobachtungen und Notizen
5		X	3	• Erkennen der Gesetzmäßigkeit • Fortführen der Gesetzmäßigkeit • Beachtung von je zwei Kriterien: Form & Farbe	**a)** ▲ ○ ▲ ○ ▲ ○ ▲ ○ ▲ ○ … Form: Dreieck, Kreis, Wdh. Farbe: schwarz, weiß, Wdh. **b)** □ △ ■ ▲ □ △ ■ ▲ □ △ … Form: Quadrat, Dreieck, Wdh. Farbe: weiß, weiß, schwarz, schwarz, Wdh. **c)** ○ ■ △ ● □ ▲ ○ ■ △ … Form: Kreis, Quadrat, Dreieck, Wdh. Farbe: weiß, schwarz, Wdh. **d)** ■ ○ ▲ ■ ○ ▲ ■ ○ ▲ … Form: Quadrat, Kreis, Dreieck, Wdh. Farbe: schwarz, weiß, schwarz, Wdh.	
6a 6b	X X		2 3	• Addition dreier Summanden (ohne ZÜ) • Zerlegung der 10 in drei Summanden • Kenntnisse über das Vertauschungsgesetz der Addition *(z. B. 4 + 1 + 5 = 1 + 5 + 4)* • Auffinden aller verschiedenen Kombinationsmöglichkeiten (systematisch oder durch Probieren)	Es gibt **6** verschiedene Möglichkeiten: **1+3+6=10** **2+2+6=10** **1+4+5=10** **2+3+5=10** **2+4+4=10** **3+3+4=10** Die Reihenfolge der Summanden kann beliebig gewählt werden.	

Niveaustufen: 1 = „Reproduzieren" → erfordert grundlegende Fähigkeiten 2 = „Zusammenhänge herstellen" → erfordert erweiterte Fähigkeiten 3 = „Verallgemeinern und Reflektieren" → erfordert fortgeschrittene Fähigkeiten

Auswertungsbogen

Lernstandserhebungen Mathematik, Klasse 1 Name: ______________ Klasse: ______

Lernstandserhebung 2: ***Zahlen/Operationen*** **und** ***Raum/Form*** durchgeführt am ____________

Aufgabe	Zahlen und Operationen	Raum und Form	Niveau	Fähigkeiten, Fertigkeiten und Kenntnisse	Lösungen	Beobachtungen und Notizen
1				Übersetzung von der symbolischen zur bildhaften Darstellung	**a)** 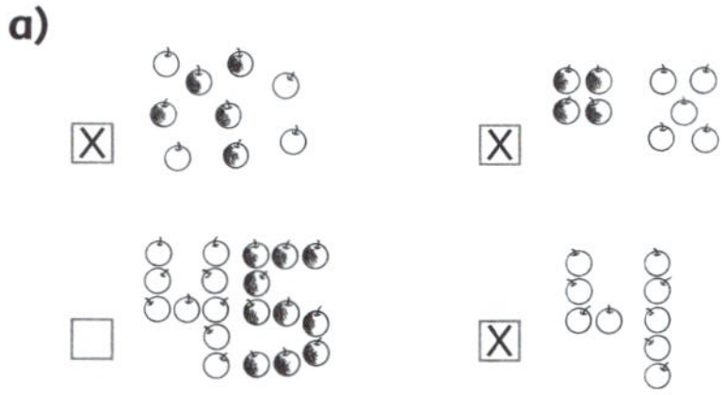	
1a	X		1	• Anzahlen in unterschiedlichen Anordnungen erfassen • Verständnis der Addition als Vereinigung zweier Mengen		
1b	X		1	• Darstellung von Additions- und Subtraktionsaufgaben am Zwanzigerfeld	**b)** Es gibt verschiedene Möglichkeiten, die Lösung einzutragen, *z.B.:* 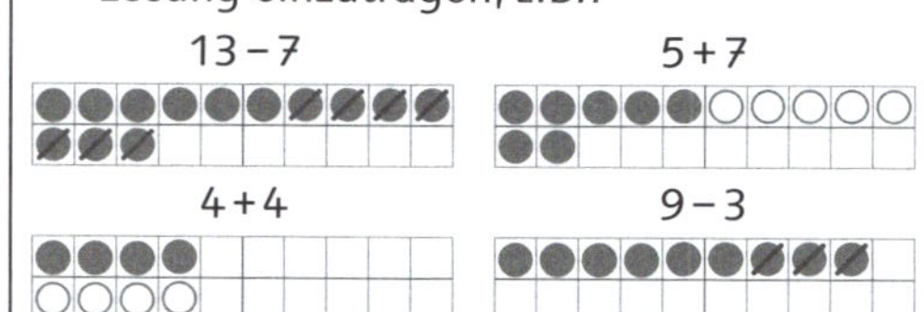	
2		X	1	• Kenntnis des Begriffs „Spiegelbild“ • Identifizierung des korrekten Spiegelbilds		
3	X		2	• Zahlverständnis als Teil – Ganzes • Erkennen des Zusammenhangs zwischen – Aufgabe und Umkehraufgabe – Aufgabe und Tauschaufgabe • Übertragen der Aufgabenfamilie auf Aufgaben ohne ZÜ (**a**) und mit ZÜ (**b**)	**a)** **8 – 3 = 5** **8 – 5 = 3** **3 + 5 = 8** **5 + 3 = 8** **b)** **8 + 9 = 17** **9 + 8 = 17** **17 – 8 = 9** **17 – 9 = 8** Die Reihenfolge kann beliebig gewählt werden.	

Niveaustufen: 1 = „Reproduzieren“ → erfordert grundlegende Fähigkeiten 2 = „Zusammenhänge herstellen“ → erfordert erweiterte Fähigkeiten 3 = „Verallgemeinern und Reflektieren“ → erfordert fortgeschrittene Fähigkeiten

Auswertungsbogen

Lernstandserhebungen Mathematik, Klasse 1 Name: ____________ Klasse: ______

Lernstandserhebung 2: ***Zahlen/Operationen*** **und** ***Raum/Form*** durchgeführt am ____________

Aufgabe	Zahlen und Operationen	Raum und Form	Niveau	Fähigkeiten, Fertigkeiten und Kenntnisse	Lösungen	Beobachtungen und Notizen
4a		X	2	• Kenntnis des Begriffs „Rechteck" • Verständnis des Auslegens als flächeninhaltsgleich (ohne Lücken und ohne Überlappungen)	Es gibt verschiedene Lösungen, *z.B.:* **a)** 2 Quadrate **oder** 2 Quadrate und 2 mittlere Dreiecke **oder** 1 großes Quadrat und 2 mittlere Dreiecke	
4b		X	2	• Erkennen von Zusammenhängen zwischen den gegebenen Formen • Ersetzen von Formen durch flächeninhaltsgleiche andere Formen	**b)** 1 Quadrat, 1 mittleres Dreieck und 2 kleine Dreiecke **oder** 1 großes Dreieck, 1 mittleres Dreieck und 2 kleine Dreiecke **oder** 4 mittlere Dreiecke	
5	X		3	• Kenntnis des Begriffs „Unterschied" • Berechnung von Unterschieden mit/ohne ZÜ • Systematisches Probieren zum Finden der Lösung	*z.B.* **10** | **20** | **10** **10** | **10** 0 **8** | **6** | **9** **2** | **3** 1	
6		X	3	• Räumliches Denken • Gehen von Wegen nach Beschreibung • Position: fester Standort	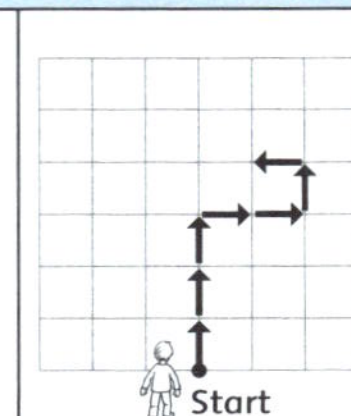	

Niveaustufen: 1 = „Reproduzieren" ⟶ erfordert grundlegende Fähigkeiten 2 = „Zusammenhänge herstellen" ⟶ erfordert erweiterte Fähigkeiten 3 = „Verallgemeinern und Reflektieren" ⟶ erfordert fortgeschrittene Fähigkeiten

1

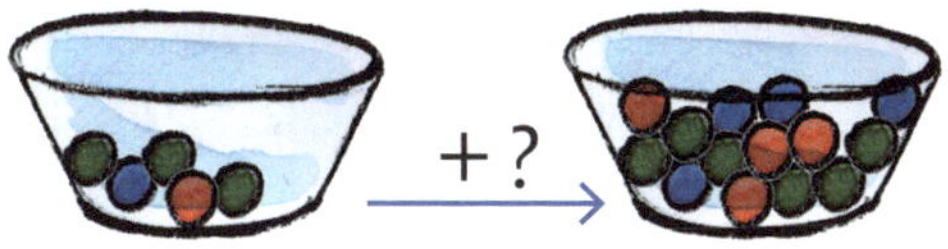

5 + ___ = 14

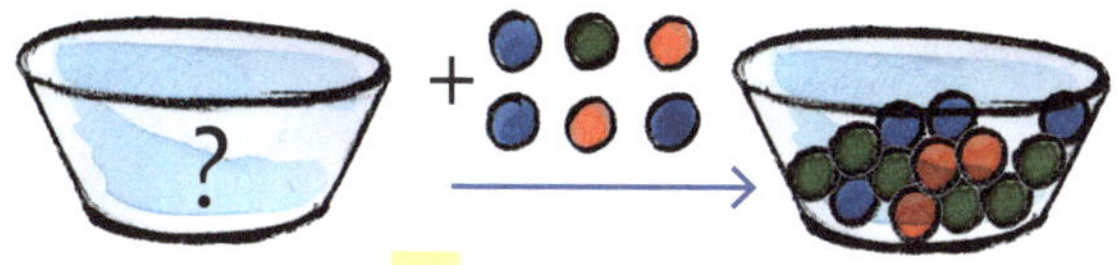

___ + 6 = 13

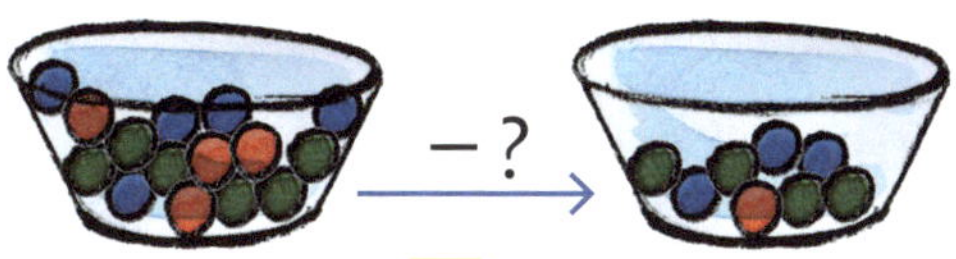

15 – ___ = 8

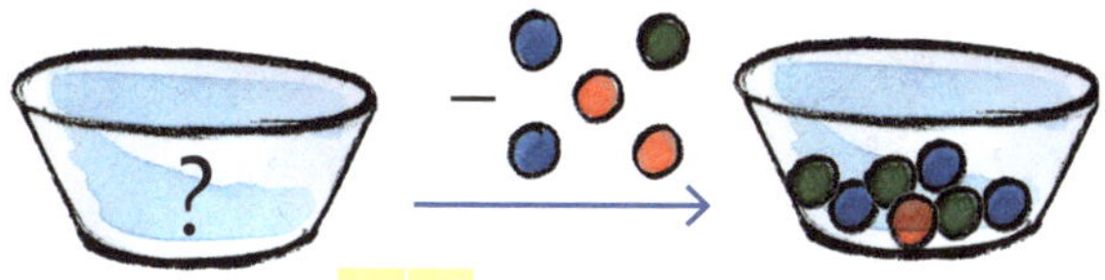

___ – 5 = 7

2

7 + 9 = ___
5 + 6 = ___
6 + 7 = ___
12 + 5 = ___
15 + 5 = ___

3

8 + 8 = 16
4 + 9 = 13
9 + 8 = 17
7 + 13 = 20
3 + 11 = 14

4

7 + 13 = 20
7 + 7 = 14
13 + 6 = 19
12 + 4 = 16
9 + 9 = 18

○ 11 11 17
16 11 13 7
8 9 8 5 3
13 9 13 6
5 9 6 16
15 20 20
6 7 7 16

□ 11 12 18
7 17 14
13 7 9

5

19 – 6 = ___
20 – 9 = ___
13 – 7 = ___
11 – 6 = ___

6

15 – ___ = 10
14 – ___ = 8
18 – ___ = 9
17 – ___ = 10

7

___ – 5 = 6
___ – 8 = 9
___ – 9 = 5
___ – 3 = 15

8

7 + 5 + 3 = ___
9 + 6 + 1 = ___
10 + 7 + 3 = ___

9

20 – 10 – 3 = ___
16 – 7 – 6 = ___
17 – 4 – 7 = ___

10

11 + 6 – 1 = ___
9 – 7 + 7 = ___
19 – 3 – 9 = ___

11 Trage die richtigen Zeichen ein: <, =, >.

13 + 5 ○ 17　　19 – 10 ○ 9　　11 – 7 ○ 5　　6 ○ 12 – 7

12 Wahr (w) oder falsch (f)?

9 + 6 > 17 ___　　4 + 14 = 18 ___　　8 + 9 < 16 ___

12 – 5 > 8 ___　　16 – 8 < 10 ___　　17 – 9 = 8 ___

① Lisa hat schon 7 Seiten gelesen. Sie will noch 12 Seiten lesen. Wie viele Seiten hat sie dann insgesamt gelesen?

Das steht in der Aufgabe:

___ Seiten bereits gelesen

___ Seiten noch lesen

Danach wird gefragt:

Wie viele Seiten hat sie insgesamt gelesen?

So kannst du rechnen:

___ + ___ = ___

Das ist die Antwort auf die Frage:

Lisa hat ________________________

____

② Tom ist auf Seite 8. Er liest noch 9 Seiten. Auf welcher Seite ist er dann?

Das steht in der Aufgabe:

___ Seiten bereits gelesen

___ Seiten noch lesen

Danach wird gefragt:

Auf welcher Seite ist er dann?

So kannst du rechnen:

___ + ___ = ___

Das ist die Antwort auf die Frage:

Tom ist ________________________

③ Anna wirft. Von 11 Dosen fallen 3 um. Wie viele bleiben stehen? Max wirft. Bei ihm fallen von 15 Dosen 7 um. Bei wem bleiben mehr Dosen stehen?

Das steht in der Aufgabe:

Anna:	Max:
___ Dosen	___ Dosen
___ Dosen fallen	___ Dosen fallen

Danach wird gefragt:

Bei wem bleiben mehr Dosen stehen?

So kannst du rechnen:

Anna:	Max:
___ – ___ = ___	___ – ___ = ___

Das ist die Antwort auf die Frage:

____

1 bis 3: Lösen nach vorgegebener Schrittfolge
LB 104–105 TÜ 55–56

① Vier Kinder wollen Tischtennis spielen.
Jeder soll gegen jeden spielen.
Maria behauptet, dass insgesamt
6 Spiele durchgeführt werden müssen.
Stimmt das? Überprüfe.
Vervollständige dazu die Tabelle.

Spiel	1	2	3	4	5	6
Spieler	Ben Lisa	Ben				

② Max hat drei Autos und 4 Hänger.
Er will immer ein Auto mit einem
Hänger koppeln.
Wie viele verschiedene Fahrzeug-
gespanne kann er koppeln?
Zeichne die Kopplungsmöglichkeiten
mit verschiedenen Farben ein.

③ Wie viele verschiedene Möglichkeiten gibt es, von
Seedorf über Neuhaus nach Berghausen zu wandern?
Male die Wanderwege in verschiedenen Farben ein.

4 Nimm immer drei Kugeln aus der Schachtel.
Wie viele verschiedene Kugelkombinationen
kannst du zusammenstellen? Male die Möglichkeiten.

1: Spieler in die Tabelle eintragen; Anzahl der Spiel bestimmen 2: Kopplungsmöglichkeiten farbig einzeichnen; Anzahl bestimmen
3: Verschiedene Wege farbig einzeichnen; Anzahl bestimmen 4: Kombinationsmöglichkeiten ausmalen: Anzahl bestimmen

① Miss die Länge jeder Strecke. Notiere ihre Länge.

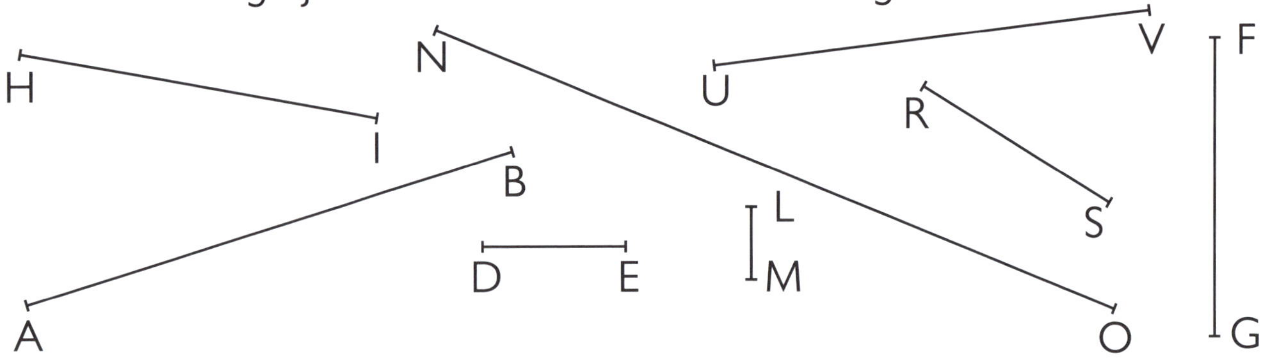

$\overline{AB}$ = ___ cm $\overline{FG}$ = ___ cm $\overline{LM}$ = ___ cm $\overline{RS}$ = ___ cm

$\overline{DE}$ = ___ cm $\overline{HI}$ = ___ cm $\overline{NO}$ = ___ cm $\overline{UV}$ = ___ cm

② Vergleiche.

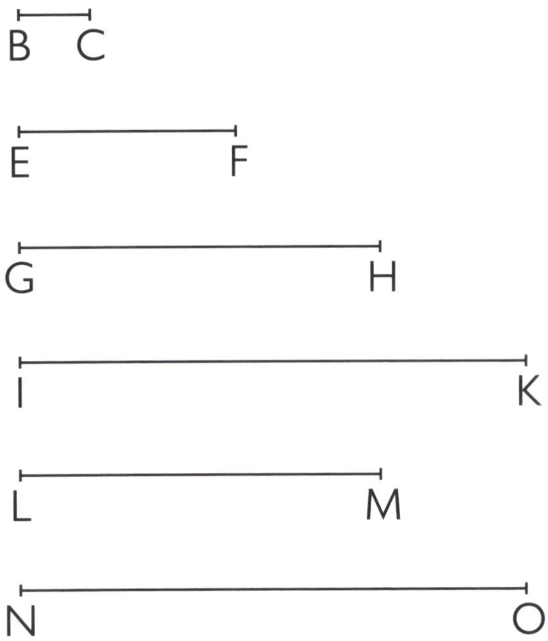

$\overline{BC}$ ist kürzer als $\overline{EF}$, $\overline{GH}$, ______ .

$\overline{EF}$ ist kürzer als ______________ .

$\overline{EF}$ ist länger als ______________ .

$\overline{GH}$ ist länger als ______________ .

$\overline{LM}$ ist genauso lang wie ________ .

$\overline{IK}$ ist genauso lang wie ________ .

③ Welcher Hund hat den kürzesten Weg zum Knochen?

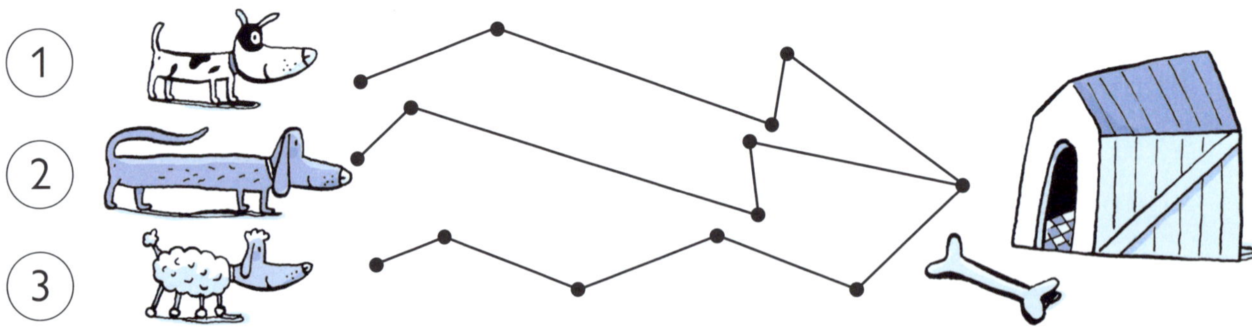

① Färbe. 3 cm lange Strecke = blau
4 cm lange Strecke = gelb
5 cm lange Strecke = rot

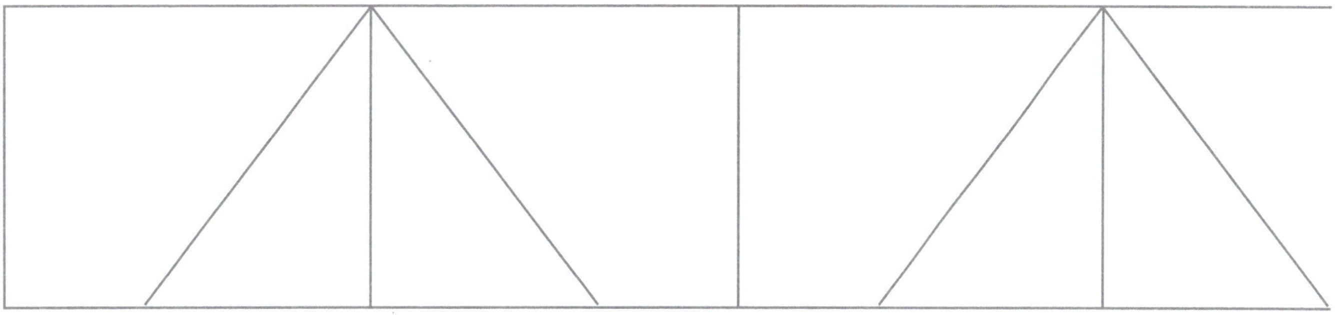

② Zeichne Strecken.

$\overline{AB}$ = 8 cm

$\overline{CD}$ = 6 cm

$\overline{EF}$ = 4 cm

$\overline{GH}$ = 2 cm

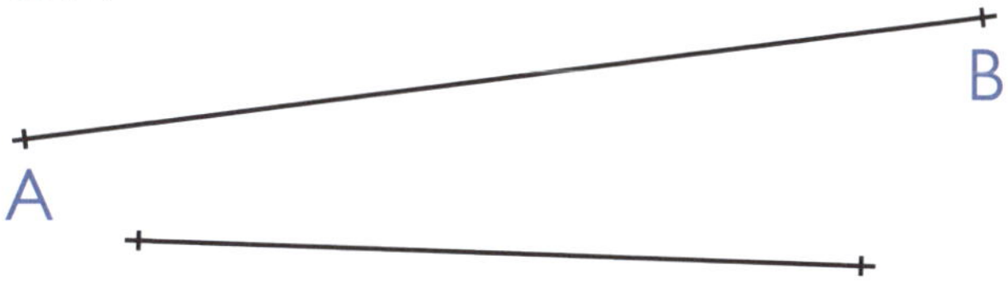

③ Rechne und zeichne Strecken.

3 cm + 4 cm	$\overline{CD}$ = 7 cm
5 cm + 3 cm	$\overline{FG}$ = ☐ cm
4 cm + 4 cm	$\overline{KL}$ = ☐ cm
7 cm + 3 cm	$\overline{NO}$ = ☐ cm

④ Zeichne eine Strecke $\overline{EF}$, die doppelt so lang ist wie die Strecke $\overline{AB}$.
Zeichne eine Strecke $\overline{MN}$, die halb so lang ist wie die Strecke $\overline{CD}$.

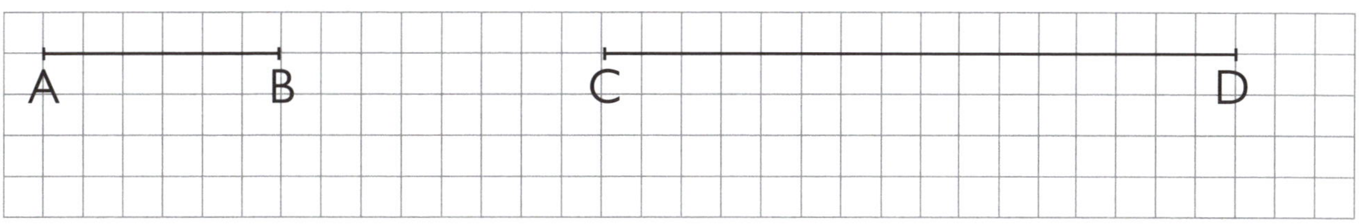

(1)

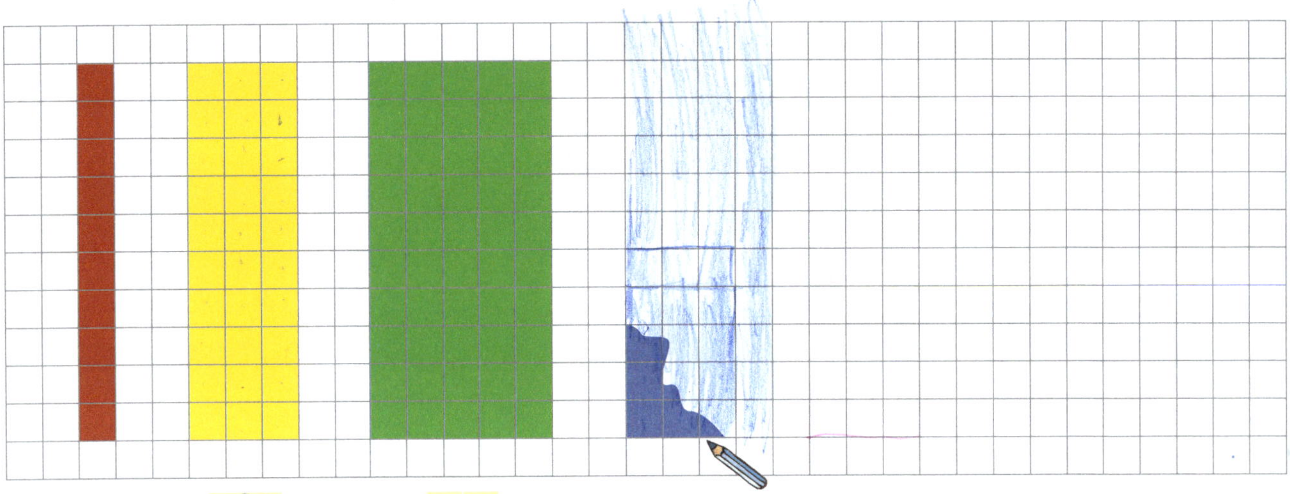

10 | 130 | ___ | 40 | 70 | 20

(2)

___ ct | ___ ct | ___ ct | ___ € | ___ €

(3)

0 — 10 — ___ — ___ — 40 — ___ — ___ — ___ — 80 — ___ — 100

(4) Ordne. Beginne mit der größten Zahl.

20 80 60 100 40 30 50

___ ___ ___ ___ ___ ___ ___

(5) Vergleiche: <, =, >.

4 ○ 7	3 ○ 3	8 ○ 2	10 ○ 9	7 ○ 7
40 ○ 70	30 ○ 30	80 ○ 20	100 ○ 90	___ ○ ___
70 ○ 50	80 ○ 20	60 ○ 60	30 ○ 80	___ < 30
50 ○ 40	10 ○ 50	90 ○ 70	100 ○ 50	___ > 40

1: Zehnerzahl dem Streifen zuordnen; Streifen den Zehnerzahlen zuordnen 2: Geldwert zuordnen 3: Fehlende Zahlen antragen
4: Nach Vorschrift ordnen 5: Zahlen vergleichen

LB ▶ 116–118 TÜ ▶ 59

1

6 + 2 =	8 + 1 =	10 − 5 =	8 − 5 =
60 + 20 =	80 + 10 =	100 − 50 =	80 − 50 =
5 + 3 =	4 + 4 =	6 − 3 =	7 − 4 =
50 + 30 =	40 + 40 =	60 − 30 =	70 − 40 =

2

Mauer 1:
30		
10		40

Mauer 2:
	100	
	60	
20		

Mauer 3:
	80	
50		
20		

Mauer 4:
20	50	
10		

3

+	10	30	20	40	50
20					
40					

−	10	30	0	50	70
70					
90					

●
50 70 40 50
60 90 60 10
70 30 80 60
40 0 20 90
80 60 20 40
70 90 60 20
70 20 30 40
40 30 0 40

■
10 40 50 30
100 20 20 0
30 60 20 30

4

Mauer 1:
100			
50			
30			
10			

Mauer 2:
40	20		
	10		10

5 Verdopple und halbiere.

Zahl	20	10	30		
Das Doppelte				100	80

Zahl	80	60	100		
Die Hälfte				20	30

6 Vergleiche die Hälfte von 80 mit dem Doppelten von 20. Welches Zeichen kannst du einsetzen: <, =, >?

Die Hälfte von 80		Das Doppelte von 20
	●	

7 Bilde mit den Zahlen 30, 70 und 100 eine Aufgabenfamilie.

	●		=			
	●		=			
	●		=			
	●		=			

4 Aufgaben sind eine Familie.
2 Aufgaben mit +.
2 Aufgaben mit −.

①

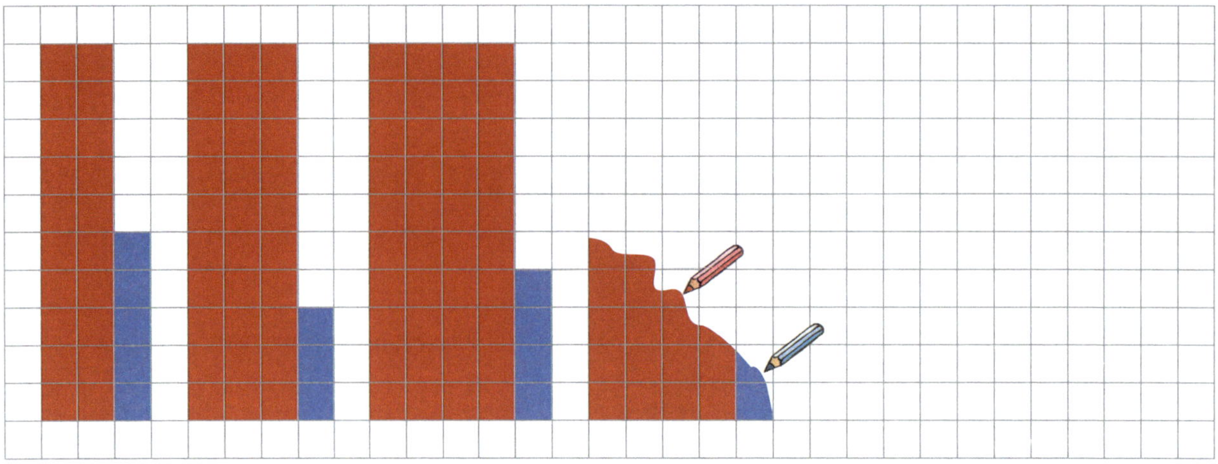

Z	E	Z	E	Z	E	Z	E	Z	E
2	5					4	6		

25 ☐☐ ☐☐ ☐☐ 68

② Ergänze.

Zahl	Z	E
54	5	4
65		
73		
85		
97		

Zahl	Z	E
23	2	3
	7	2
	9	1
	5	0
	3	9

Zahl	Z	E
	3	7
26		
	5	1
70		
	1	3

③ Trage die fehlenden Zahlen ein.

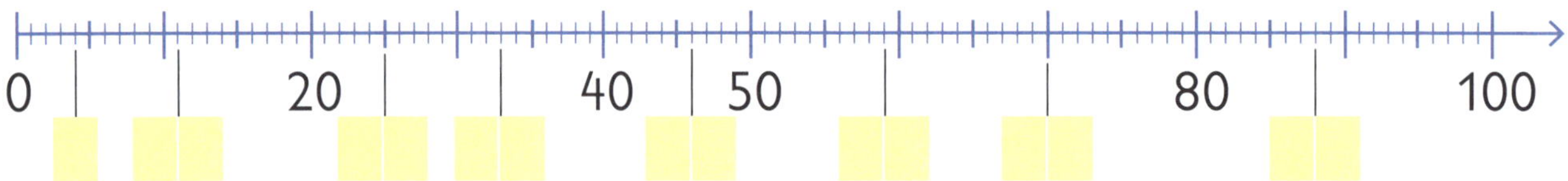

④

25 = 20 + 5
33 = 30 + ☐
54 = 50 + ☐
43 = ☐☐ + ☐
29 = ☐☐ + ☐

85 = ☐☐ + ☐
72 = ☐☐ + ☐
64 = ☐☐ + ☐
88 = ☐☐ + ☐
97 = ☐☐ + ☐

☐☐ = 20 + 7
☐☐ = 40 + 4
☐☐ = 30 + 6
☐☐ = 50 + 2
☐☐ = 30 + 5

1: Zahlen den Streifen zuordnen, Streifen zu den Zahlen malen 2: Zahlen in Zehner und Einer zerlegen 3: Zahlen antragen
4: Zahlen in Summen aus Zehner und Einer zerlegen
LB ▶ 120–121 TÜ ▶ 61–62

1	2	3	4	5	6	7	8	9	10
11									
21									30
31									
41									50
				55					
				65					70
				75					
				85					90
				95					

(1) Trage alle Zahlen bis 100 in die Hundertertafel ein.

(2) Schreibe alle Zahlen auf:

– die über der 64 stehen:

– die unter der 64 stehen:

– die rechts von der 64 stehen:

– die links von der 64 stehen:

(3) Färbe die Kästchen mit folgenden Zahlen rot.

23, 28, 33, 54, 38, 43, 55, 48, 53,
56, 58, 63, 68, 73, 78, 57, 83, 88

Welchen Buchstaben entdeckst du?
Schreibe ihn auf.

(4) Setze mit einem Spielstein und schreibe alle Zahlen auf.
In welche Richtung hast du gesetzt? →, ←, ↑, ↓

31 32 33 ___ ___ ___ ___ ___ ___ 40 →

60 59 58 ___ ___ ___ ___ ___ ___ 51

10 20 30 ___ ___ ___ ___ ___ ___ 100

95 85 75 ___ ___ ___ ___ ___ ___ 5

5 Welche Zahlen liegen zwischen

35 und 40? ____________________

89 und 95? ____________________

6

V	Z	N
	59	
	31	
	70	

1 und 2: Aufbau der Hundertertafel erfassen; Zahlen eintragen; Zahlen entsprechend der Angabe benennen 3: Zahlen finden und Kästchen färben; Buchstaben erkennen 4: Folge vervollständigen; Richtung angeben 5: Zahlen angeben 6: Vorgänger und Nachfolger bestimmen
LB 120–121 TÜ 61–62

Lieblingsfarbe – Lieblingszahl – Lieblingstier

Frage die Kinder deiner Klasse und fertige dazu eine Strichliste an.

(1) Welche Farbe ist deine Lieblingsfarbe?

Farbe						
Anzahl der Kinder						

Welche Farbe wurde am häufigsten genannt? Die Farbe ______ .
Wie viele Kinder haben diese Farbe genannt? ☐☐ Kinder.

Welche Farbe wurde am wenigsten genannt? Die Farbe ______ .
Wie viele Kinder haben diese Farbe genannt? ☐☐ Kinder.

Welche Farbe wurde von keinem Kind genannt? Die Farbe ______ .

(2) Welche der Zahlen 1 bis 10 ist deine Lieblingszahl?

Zahl	1	2	3	4	5	6	7	8	9	10
Anzahl der Kinder										

Welche Zahl ist die Lieblingszahl der meisten Kinder? Die Zahl ☐☐

Welche Zahl ist die Lieblingszahl der wenigsten Kinder?
Die Zahl ☐☐

Welche Zahl wurde von keinem Kind als Lieblingszahl genannt?
Die Zahl ☐☐

(3) Welches dieser Tiere ist dein Lieblingstier?

Tier					
Anzahl der Kinder					

Welches Tier ist Lieblingstier der meisten Kinder? ______________

Welches Tier haben die wenigsten Kinder genannt? ______________

1 bis 3: Befragungen durchführen; Strichlisten führen, Auswertung von Daten

LB 122

① In der Tabelle siehst du alle Arbeitsgemeinschaften einer Schule.

Arbeitsgemeinschaft	Töpfern	Malen	Musizieren	Turnen
Mädchen	13	8	12	20
Jungen	7	9	6	10

Welche Arbeitsgemeinschaft hat die meisten Teilnehmer?
Arbeitsgemeinschaft: ____________________ . Sie hat ___ Teilnehmer.

Welche Arbeitsgemeinschaft hat die wenigsten Teilnehmer?
Arbeitsgemeinschaft: ____________________ . Sie hat ___ Teilnehmer.

Wahr (w) oder fasch (f)? Kreuze an.

Zum Turnen gehen doppelt so viele Mädchen wie Jungen. (w) (f)
Beim Töpfern sind 4 Mädchen mehr als Jungen. (w) (f)
Es musizieren nur halb so viele Jungen wie Mädchen. (w) (f)

② Max und Lisa haben gewürfelt und dabei eine Strichliste geführt.

Augenzahl	⚀	⚁	⚂	⚃	⚄	⚅
Max	II	IIII	III	IIII	IIII IIII II	IIII
Lisa	IIII	III	IIII	II	IIII I	IIII IIII

Wievielmal hat jeder gewürfelt? Max: ___ Lisa: ___

Welche Augenzahl wurde
am häufigsten gewürfelt? bei Max: ___ bei Lisa: ___

Wahr (w) oder fasch (f)? Kreuze an.

Max hat die ⚄ doppelt so oft gewürfelt wie Lisa. (w) (f)
Lisa hat die ⚂ häufiger gewürfelt als Max. (w) (f)
Lisa hat die ⚅ weniger gewürfelt als Max. (w) (f)

1 und 2: Zahlen/Anzahlen der Tabellen entsprechend der Fragestellung auswerten
LB ▶ 123

1 Immer 100 ct = 1 €. Kreise ein.

2 Wie viel Cent sind es?

___ ct ___ ct ___ ct ___ ct ___ ct

3 Lege und male.

60 ct	80 ct	53 ct	68 ct	1 €

4

Maria kauft:	70 ct 
Sie gibt:	

Sie erhält ___ ct zurück.

Anna kauft:	80 ct 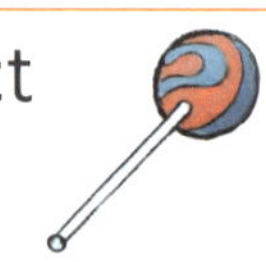
Sie gibt:	

Sie erhält ___ ct zurück.

Tom kauft:	60 ct 
Er gibt:	

Er erhält ___ ct zurück.

1: Geeignete Münzen zum Geldbetrag von 100 ct = 1 € zusammenfassen 2: Geldbetrag bestimmen 3: Gegebenen Geldbetrag legen und zeichnen 4: Differenz/Summe der Geldbeträge ermitteln

LB 125 TÜ 63

①

▢ €

▢ €

▢ €

② Lege und trage die Anzahl der Scheine und Münzen ein.

Betrag						
35 €						
90 €						
71 €						
52 €						
46 €						

3 Welche Karten gehören zusammen? Färbe in der gleichen Farbe.

10 ct | 1 € | 50 ct – 30 ct | 10 € | 40 ct + 60 ct | 9 € – 8 €

90 € | 20 ct + 40 ct | 70 € + 30 € | 80 ct – 70 ct | 20 ct

50 € + 40 € | 90 € – 80 € | 90 € – 30 € | 60 ct | 60 € | 100 ct

4 Rechne und vergleiche: <, =, >.

20 €	◯	10 € + 20 €	20 € + 50 €	◯	60 € + 10 €
50 €	◯	30 € + 30 €	60 ct + 30 ct	◯	60 € + 30 €
80 ct	◯	50 ct + 50 ct	90 € – 50 €	◯	50 € + 10 €
1 €	◯	60 ct + 40 ct	30 ct + 30 ct	◯	30 ct – 30 ct

5 Ben hat 13 €. Er gibt Tom 4 €. Nun haben beide gleich viel Geld.
Wie viel Euro hatte Tom vorher? ▢

1: Geldbetrag berechnen 2: Gegebenen Geldbetrag in Münzen und Scheine zerlegen; verschiedene Möglichkeiten erörtern 3: Zuordnen gleicher Geldbeträge
4: Summe/Differenzen ermitteln, vergleichen, Relationszeichen setzten 5: Inhalt erfassen; Aufgabe finden und lösen
LB ▸ 125 TÜ ▸ 63

1 Lies die Uhrzeit ab.

___ Uhr	___ Uhr	___ Uhr	___ Uhr	___ Uhr
___ Uhr	___ Uhr	___ Uhr	___ Uhr	___ Uhr

___ Uhr	___ Uhr	___ Uhr	___ Uhr	___ Uhr
___ Uhr	___ Uhr	___ Uhr	___ Uhr	___ Uhr

2 Trage die Zeiger ein.

1 Uhr	3 Uhr	6 Uhr	8 Uhr	10 Uhr
13 Uhr	15 Uhr	18 Uhr	20 Uhr	22 Uhr

3 Ordne zu.

1: Ablesen und Einstellen der Uhrzeit 2: Zuordnen des täglichen Ablaufs
LB ▶ 126–127 TÜ ▶ 64